AF588458

P. IDRAC
PROFESSOR AN DER ECOLE POLYTECHNIQUE, PARIS

Experimentelle Untersuchungen

über den

Segelflug

mitten im Fluggebiet grosser segelnder Vögel
(Geier, Albatros usw)

Jhre Anwendung auf den Segelflug des Menschen

MIT 56 ABBILDUNGEN

Autorisierte Übersetzung von Dr F. Höhndorf

MÜNCHEN UND BERLIN 1932
VERLAG VON R. OLDENBOURG

An der Entwicklung des motorlosen Fluges hat die Wissenschaft wesentlichen Anteil. In Frankreich hat sich P. Idrac von Anfang an der Erforschung der atmosphärischen Grundlagen des Segelfluges angenommen. Wir verdanken ihm nicht nur die Entwicklung neuartiger Messmethoden für die Ableitung der für Segelflug ausschlaggebenden Vertikalkomponenten der Luftbewegung, sondern auch als Ergebnis dieser Messungen die ersten Darstellungen der Luftströmung an Gebirgshindernissen. Schon vor der Lösung des Problems des menschlichen Segelfluges im August 1922 auf der Wasserkuppe in der Rhön hat P. Idrac zum Studium des Segelfluges der Vögel Expeditionen in tropische Gebiete durchgeführt.

Nachdem es nunmehr gelungen ist, die thermischen Segelflugmöglichkeiten auch dem menschlichen Flug zu erschliessen, sind die Ergebnisse dieser Expeditionen von besonderem Interesse. Die Methodik des thermischen Segelfluges, die im Flug unter Wolken oder beim Flug ohne Wolken heute angewandt wird, hat P. Idrac schon vor 10 Jahren dem Flug der Vögel abgelauscht. Hierdurch wird er heute zum Lehrmeister des thermischen Segelfluges, zugleich erinnern seine Forschungsergebnisse daran, welche Möglichkeiten dem menschlichen Segelflug in tropischem Gebiet noch erschlossen werden können. In der Pflege von Sport und Wissenschaft besteht eine seltene internationale Einmütigkeit. Für die internationale Zusammenarbeit auf dem Gebiete des motorlosen Fluges kann es keine schönere und wertvollere Aufgabe geben, als die Vogelflug-Expeditionnen Idracs aus den Jahren 1919-1923 wieder aufleben zu lassen zum Studium des menschlichen Segelfluges in den Tropen, dem Gebiet seiner grossen Leistungsmöglichkeiten.

Darmstadt. *Walter GEORGII.*

INHALTSVERZEICHNIS

Experimentelle Untersuchungen

über den

Segelflug

EINLEITUNG

Der Segelflug steht heute so sehr im Mittelpunkt des Interesses, dass es kaum überflüssig erscheint, von ihm eine längere Beschreibung zu geben. Man hat den Namen Segelflug gewählt für den Flug verschiedener grosser Vögel, die auf-und absteigend unaufhörlich dahinziehen, bis sie dem Blick entschwinden, ohne dass man die geringste Bewegung ihrer Flügel unterscheiden könnte : der Vogel scheint von einer mysteriösen Kraft gehalten und sich in der Luft ohne Energieverlust zu bewegen.

Diese Art zu fliegen ist in unseren Gebieten selten, deshalb sind selbst ernste Schriftsteller dazu gekommen, seine Existenz überhaupt in Zweifel zu ziehen. Es wäre überflüssig, gegen diese Meinung heute noch ankämpfen zu wollen, haben doch die « Segelflug ». Schulen, die seit mehreren Jahren in verschiedenen Ländern bestehen, bessere Beweise dagegen erbracht, indem sie von sich aus die Möglichkeit dieser Art des Fliegens vorgeführt haben, den uns die Vögel als erste zeigten. Thoret, um hier nur einen zu nennen, hat als sicher erwiesen, dass die aufsteigenden Luftströme, die in der Umgebung von Hindernissen bis in grosse Höhen hinauf spürbar sind, nutzbar gemacht werden können und kürzlich hat Kronfeld im Aufwind von Cumuluswolken « thermische » Segelflüge ausgeführt, die völlig identisch sind mit denen der afrikanischen Geier, von denen wir später sprechen werden ; so wurde die Vorhersage erfüllt, die wir in einem Aufsatze in « La Nature » vom 9. September 1922 gemacht haben. Der Segelflug, oder besser die Segelflüge (denn wir werden später sehen, dass es mehrere Arten davon gibt) haben viel Tinte fliessen lassen, aber wenn auch bisher reichlich Zeit und zahlreiche Theorien aufgebracht wurden, wenn auch viele Gleichungen und lange Seiten mit Formeln zusammengetragen wurden, das Fundament, auf das man sich stützte, war mehr als zweifelhaft : bis vor wenigen Jahren lag keine einzige

Abb. 1. — Geier im Segelflug.
Die Photographie zeigt das Spreizen der Flügel, worauf Mouillard hinwies.

wissenschaftlich erarbeitete Erfahrung vor aus den Gebieten, wo die Vögel segeln, um die Uebereinstimmung dieser Theorien mit der Wirklichkeit zu untersuchen, und nur diese Erfahrungen können es erlauben, die Frage anzuschneiden.

Wir haben also zunächst eine Reihe von Untersuchungsmethoden für unsere Zwecke geschaffen. Es ist nicht ganz leicht, physikalische Messungen in der Nähe der Vögel auf dem Meere oder im Gebüsch vorzunehmen, denn die Methoden sollen genaue Ergebnisse bringen, einfach sein und nur einen einzigen Beobachter benötigen, das Instrumentarium soll fest, leicht, gut transportabel und ohne besondere Hilfs mittel zu reparieren sein; man denke an die wenig zugänglichen Gebiete, die ohne irgend welche Hilfsquellen sind, an die man sich wenden könnte.

Nachdem wir einmal mit diesen Mitteln ausgestattet waren, die wir weiter unten des Näheren beschreiben werden, haben wir mehrere Reisen unternommen, um an Ort und Stelle die grossen segelnden Vögel zu studieren, und zwar :

1. *Nördliches Eismeer von Norwegen bis Spitzbergen*.............................. *Sommer* 1913

2. *Süd-Algerien und die Provinz Constantine*.... *Frühjahr* 1919

3. *Senegal, Französisch-Guinea (Fouta Djallon) und Französisch Sudan (die Ebene des oberen Niger).* *Herbst* 1919

4. *Senegal (Umgebung von Dakar)*............. *Frühjahr* 1921

5. *Elfenbeinküste und Senegal* .... *Herbst* 1921

6. *Die nördliche Sahara (Umgebung von Biskra u. Tugurt)* .... *Juni* 1923

7. *Aufenthalt auf dem Leuchtturm von la Jument von Ouessant* .... *Herbst* 1923

8. *Süd-Polar-Gebiete (Südgeorgien), Feuerland, die Gebiete um das Kap Horn und Brasilien (hauptsächlich Amazonenstrom)*.............. *Winter u. Frühjahr* 1924

9. *Hebriden, Fär-Oer, Jan Mayen, Grönland und Island an Bord des* « Pourquoi-Pas? »............ *Sommer* 1925

10. *Dieselben Gebiete an Bord des* « Pourquoi-Pas? » *Sommer* 1926

11. *Golf von Biscaya, die Küsten Spaniens und der Aermelkanal an Bord des* « Pourquoi-Pas? »....... *Sommer* 1929

Das Ergebnis dieser Arbeiten war, dass man mehrere Arten Segelflug unterscheiden muss. Im ersten Kapitel werden wir uns mit dem beschäftigen, den die « Vögel der aufsteigenden (insbesondere der thermisch hervorgerufenen) Luftströme « benutzen und hier die Untersuchungsmetho-

den mit ihren Genauigkeitsgrenzen, die gemachten Beobachtungen und die erhaltenen Resultate auseinandersetzen.

Im zweiten Kapitel werden wir uns ganz speziell den segelnden Meeresvögeln zuwenden, welche eine ganz andere Art des Segelfluges ausführen.

Den Zeitschriften « Illustration », « La Natur » und « Revue des Inventions » sprechen wir für die Ueberlassung der Druckstöcke zu den Abbildungen dieses Werkes unseren besten Dank aus.

---

1. *KAPITEL*

DER FLUG DER TROPISCHEN SEGELVÖGEL : GROSSE AFRIKANISCHE GEIER UND ÄHNLICHE VÖGEL

1. TEIL.

BESCHREIBUNG DER ANGEWANDTEN UNTERSUCHUNGSMETHODEN

Bevor wir die Methoden zur Untersuchung der Bedingungen für den Flug der tropischen Segelvögel beschreiben, wollen wir eine kurze Beschreibung dieser Art des Fluges geben, auch auf die Gefahr hin, Wohlbekanntes zu wiederholen, und wir können zu dem Zweck nichts besseres tun, als einige Sätze von Mouillard zu zitieren :

« Er ist, so schreibt er vom Aasgeier, der König der Bummler, dauernd im Fluge. Seine grossen Flügel bewegen sich nur, damit sie nicht steif werden. Er fliegt 10 km, nur damit es ihm gelingt, sich ohne Stoss niederzusetzen, er fliegt 10 Meilen, um eine einzige weiterzukommen; er hat Zeit und hat geschworen, nie mit den Flügeln zu schlagen. Schliesslich, nichts ist schöner als das Gebahren dieses grossen Vogels. Man kann ihn nicht vorüberfliegen lassen, ohne stillzustehen und die Majestät seiner Bewegung anzuschauen : riesige Kreise sind es, die er langsam ohne Hast und ohne Rast durchfliegt; und dann, wenn er geradeaus fliegt, bewegt er sich mit einer erstaunlichen Gleichförmigkeit, er weicht weder nach links noch rechts, weder nach oben noch nach unten von seinem Kurse ab : er dringt vor... » und weiter :

« Die Geier steigen auf, bis sie dem Blick entschwinden, kommen bis auf 200 m über dem Boden wieder herab, fliegen gegen den Wind, mit dem Wind, nach rechts, nach links, durchstreifen in einer Stunde die ganze Nachbarschaft, um zu sehen, ob da nicht irgendwo ein Stück Vieh liegt und tun das ganze Tage lang, dabei führen sie wohl 20 Höhenflüge bis 1000 Meter und Streckenflüge von hundert Meilen aus und Alles das, ohne ein einziges Mal mit den Flügeln geschlagen zu haben.

Wir verweilen nicht länger bei diesem Schauspiel, das jedem, der es

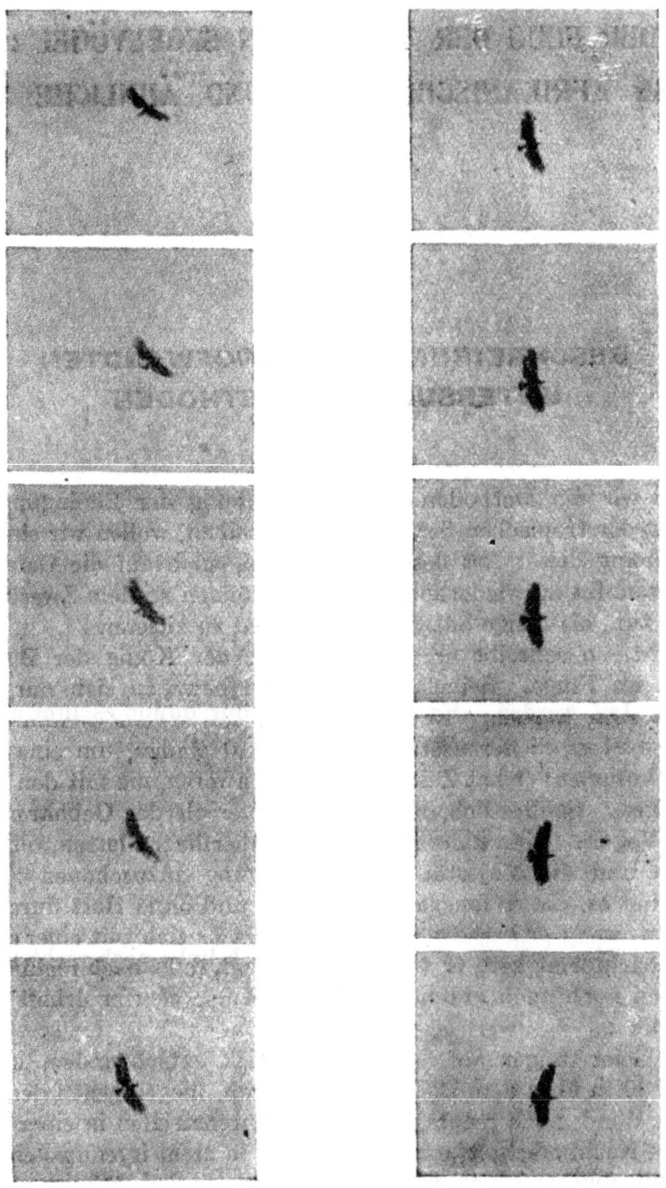

Abb. 2. — Bewegung eines Geiers im Segelflug nach einem Film von Idrac.

gesehen hat, unauslöschlich in der Erinnerung bleibt, und wenden uns jetzt der etwas trockenen Beschreibung der von uns benutzten Untersuchungsmethoden und Apparate zu.

Da sich der Vogel ohne eigenen Energieverbrauch in der Luft bewegt, muss er notwendigerweise in seiner Umgebung die Energie finden, die ihn trägt.

Unsere Untersuchungen (1) erstreckten sich also auf die Art und Grösse der der Luft innewohnenden, von den Vögeln benutzten Energiequellen an der Stelle, wo sie fliegen.

Die zu untersuchenden Energiequellen in der Luft scheiden sich in solche *statischer* und *dynamischer* Energie.

Die ersteren haben uns dahin geführt, die Aenderungen der Temperatur und des Luftdruckes zu untersuchen.

§ 1.

Untersuchung über die Quellen der statischen Energie der Luft. Aenderungen von Temperatur und Luftdruck.

Um in die Nähe der im Segelflug fliegenden Vögel zu kommen, benutzten wir Drachen, die ihrerseits dazu dienten, die Apparate, die wir sogleich beschreiben werden, zu tragen, und die andererseits durch Leitungsdrähte, die längs des Drachenkabels liefen, uns am Erdboden das zu studieren erlaubten, was in der Höhe vor sich ging.

1. Die Temperatur-Messung.

Das benutzte Instrument arbeitete mit der Aenderung des elektrischen Widerstandes von Platin bei Aenderungen der Temperatur.

Es besteht aus einer Spirale aus Platindraht von einigen Hundertstel Millimeter Dicke, deren Gesamtwiderstand ungefähr 300 Ohm beträgt. Um sie vor der direkten Sonnenstrahlung zu schützen, sitzt diese Spirale in einer an beiden Enden offenen geschwärzten Röhre, die der Luft freies Durchströmen gestattet. Sie ist am Drachen befestigt und mit dem Boden durch elektrische Leitungsdrähte verbunden, die längs des Drachenkabels laufen. Diese Drähte enden in dem einen Arm einer Wheatstone'schen Brücke, an der man bequem die Widerstände so regelt, dass zu Beginn der Untersuchung der Galvanometer-

(1) Wir möchten an dieser Stelle der « Direction des Inventions » unseren Dank aussprechen für die Hilfe, mit der sie uns auf diesem Gebiet unterstützte, und die uns die Durchführung unserer Arbeiten sehr erleichtert hat.

ausschlag verschwindet. Das Schaltungsschema zeigt Abb. 3. Die übrigen Widerstände der Brücke bestehen aus Constantan, sind also unabhängig von der Temperatur. Wenn nun die Temperatur der Luft in der Umgebung des Drachens sich ändert, zeigt das Galvanometer einen Ausschlag, der mit Hilfe der vorhergegangenen Eichung die Temperaturänderungen auszuwerten gestattet. Die Dimensionen des Platindrahtes, sein Totalwiderstand und die elektromotorische Kraft des Elementes sind so gewählt, dass die Abkühlung des Drahtes durch den Luftzug vollständig zu vernachlässigen ist, so dass also die Aen-

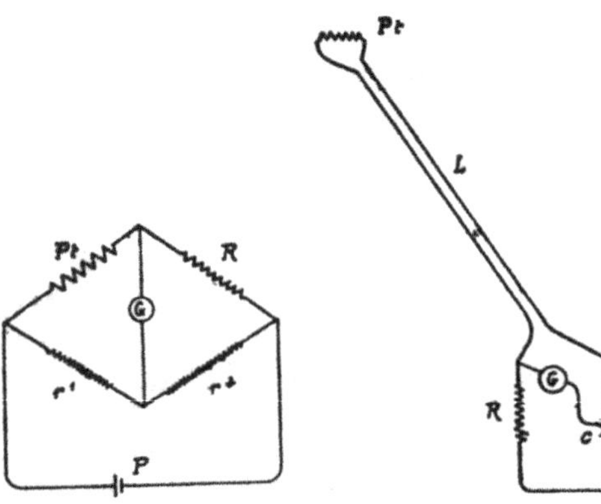

Abb. 3. — Schaltschema einer Wheatstone'schen Brücke. *Pt* Platin-Spirale, R fester Constantanwiderstand, r_1 und r_2 die Zweige des Vergleichswiderstandes, G Galvanometer, P Element.

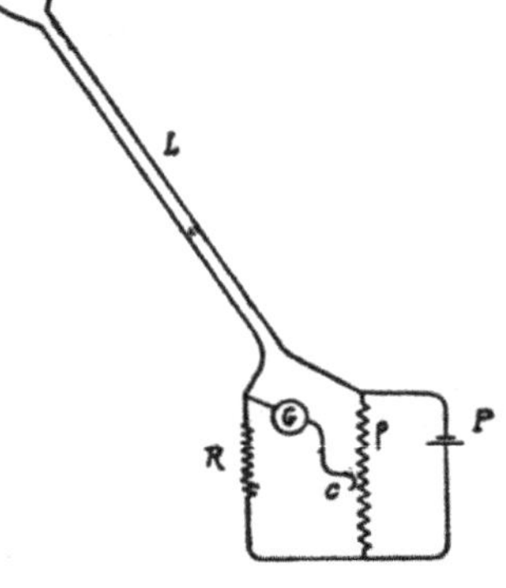

Abb. 4. — Schaltschema unseres Temperatur-Messgerätes. *Pt* Platindrahtspirale, L Leitungsdrähte, R Constantan - Widerstand, G Galvanometer, Vergleichswiderstand mit Schieber *c*, P Element.

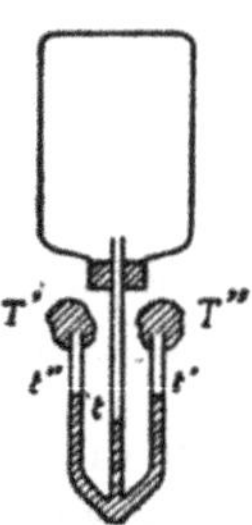

Abb. 5. — Schema unseres Druckmessgerätes.

derungen des Widerstandes der Spirale lediglich auf Temperatur-Aenderungen der benachbarten Luft zurückzuführen sind. Um uns überdies davon zu überzeugen, hatten wir das Instrument in einen Windkanal gehängt, der Luft konstanter Temperatur mit einer Geschwindigkeit von 0 bis 20 Meter in der Sekunde lieferte. Wenn die Erwärmung des Drahtes merkbar gewesen wäre, hätten wir eine höhere Temperatur beim Winde 0 als bei einem solchen von 20 Metern beobachten müssen, die Abkühlung hätte sich mit der Geschwindigkeit ändern müssen, jedoch : es war nichts davon zu bemerken.

Die Zweige des Vergleichs-Widerstandes werden von einem Schieber-Widerstand gebildet, der mit Hilfe des Läufers den Apparat sehr schnell im Augenblick der Messung auf 0 einstellen lässt (Vergl. Abb 4).

Das Galvanometer mit beweglichem Rahmen, das eigens für den Transport im Afrikanischen Busch gebaut wurde, trägt eine feste

Skala, auf der man mit einem Fernrohr das Bild beobachtet, das der Spiegel, den der bewegliche Rahmen trägt, wirft. Es genügt, den Teilstrich abzulesen, der mit dem Fadenkreuz des Fernrohres zusammenfällt.

Die Apparatur war so eingerichtet, dass ein kleiner Teilstrich-Abstand (1/2 Millimeter) einer Temperaturdifferenz von 1/40° Celsius entspricht. Ausserdem stellte sich das Instrument, wie wir im Laboratorium feststellen konnten, in weniger als 3 Sekunden bis auf ungefähr 1/40° C ein.

Dieser Apparat erlaubte also mit sehr grosser Genauigkeit die Aenderungen der Lufttemperatur zu untersuchen, dort, wo sich der Drachen befand und demnach dort, wo der Segelflug vor sich ging.

2. Die Luftdruck-Messung.

Der Apparat besteht aus einem Rezipienten, der gegen den Aussenraum thermisch isoliert ist (Thermos-Flasche). In den nach unten gerichteten Flaschenhals war eine dreiarmige Glasröhre (vergl. *l*, *l'*, *l''* in Abb. 5) hineingesteckt. Der Röhrenteil *l* kommuniziert mit der Flasche, die beiden Arme *l'* und *l''*, die symmetrisch zu *l* liegen, kommunizieren mit der Aussenluft durch aufgesteckte Wattebäusche T' und T'', die den Zweck haben, möglicherweise auftretende dynamische Druckeinflüsse des Windes auszuschalten. In diese dreiarmige Röhre ist eine gewisse Menge Flüssigkeit so eingefüllt, dass sie in *l*, *l'* und *l''* kommuniziert.

Der Niveau-Unterschied zwischen *l* einerseits und *l'* und *l''* andererseits gibt den Druckunterschied zwischen dem Innern und Aeussern des Rezipienten. Da nun das Innere konstante Temperatur hat, können wir mit Hilfe des Niveau-Unterschiedes die äusseren Druckschwankungen bestimmen.

Da nun die Flüssigkeitsmenge in dem Röhrensystem unveränderlich bleibt, kann man schliesslich die Druckschwankungen allein aus der Höhe des Flüssigkeitsspiegels des mittleren Röhrenarmes *l* ableiten. Die zwei Arme *l'* und *l''* sind gewählt worden, um die Angaben des Instrumentes, also die Höhe der Flüssigkeitssäule in *l*, unabhängig von der Neigung des Instrumentes gegen die Vertikale zu machen, die sich deswegen nicht vermeiden lassen, weil es ja von einem Drachen getragen werden soll, und darum von dessen Schwingungen nicht unabhängig gemacht werden kann. Wenn das System geneigt wird (vergl. Abb. 6), so ändert sich die Flüssigkeitssäule in *l* nicht, vorausgesetzt, dass *l'* und *l''* symmetrisch sind.

Wir müssen jetzt noch die Uebertragung der Höhe im Röhrenarm *l* nach dem Erdboden vornehmen. Dazu dienen zwei Drähte aus reinem Kupfer, die in die Röhre *t* von oben eintreten und in aa (vergl. Abb. 7) enden. Sie liegen an der inneren Seite der Röhre an, wie die Abbildung zeigt, und sind bei *bb* mit zwei Leitungsdrähten verbunden, die längs des Drachenkabels laufen.

Die Manometerflüssigkeit in dem Röhrensystem besteht aus einer sehr verdünnten Lösung von reinem Kupfersulfat in destilliertem Wasser. Der elektrische Widerstand zwischen den Enden *bb* ist eine Funktion der Flüssigkeitshöhe in diesem Röhrensystem. Man braucht

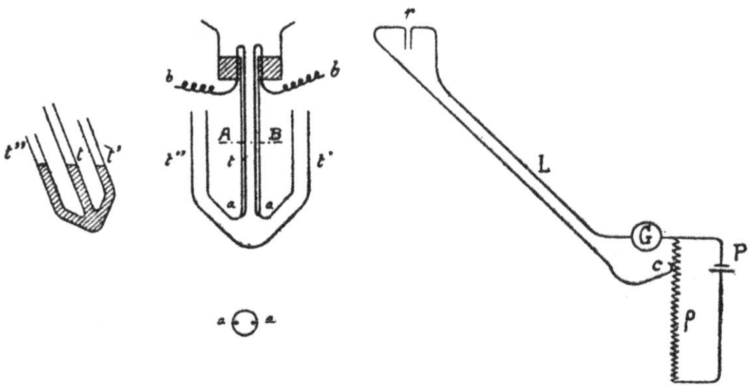

Abb. 6. — Das System der kommunizierenden Röhren des Druckmessgerätes.

Abb. 7. — Die Anordnung der elektrischen Leitungen am Druckmessgerät im Längsschnitt und im Querschnitt (bei A-B).

Abb. 8. — Schaltschema des Druckmessgerätes. *r* Kupfersulfat-Widerstand, L Leitungsdrähte, G Galvanometer, ρ Spannungsmesser mit Schieber *c*, P Element.

also nur diesen Widerstand am Boden zu messen, um daraus die Flüssigkeitshöhe und demnach die Druckdifferenz zwischen der Thermosflasche und dem Aussenraum ableiten zu können.

Dazu schaltet man hintereinander den Flüssigkeitswiderstand, ein Galvanometer und eine schwache elektromotorische Kraft von der Grössenordnung 1/20 Volt, die man bequem dadurch erhält, dass man mit Hilfe eines Potentiometers von ungefähr 1000 Ohm Gesamtwiderstand die Spannung einer Batterie reduziert. Das Schaltschema ist in Abb. 8 dargestellt.

Die Messung der Galvanometerablenkung erlaubt uns nach der Eichung die Höhe der Flüssigkeit und damit die Druckänderungen zu bestimmen.

Wir möchten noch bemerken, dass es uns mit diesem Apparat gelungen ist, durch Aenderung der Spannung, der Galvanometer-Empfindlichkeit und der Konzentration der Kupfersulfatlösung, ein äusserst empfindliches Statoskop zu erhalten, mit dem wir in unserem Laboratorium Höhendifferenzen von weniger als 5 cm unterscheiden konnten.

Eine derartige Genauigkeit ist im vorliegenden Falle illusorisch, denn die Höhenänderungen des Drachens müssen in die Rechnung eingeführt werden, und die kann man praktisch auf etwa 1 m genau bestimmen. Es genügt also eine Genauigkeit der Druckmessung von 1/10 mm Quecksilber.

Wir werden später sehen, dass die Druckänderungen, die ausserdem sehr schwach sind, keinen Einfluss auf den Segelflug haben.

Im Gegensatz dazu scheinen die Temperatur-Aenderungen, wenn auch nicht direkt, sondern *indirekt* die Ursache für den Flug der grossen afrikanischen Segelvögel zu sein.

Aber bevor wir von den Untersuchungsergebnissen reden, die uns zu diesem Schlusse geführt haben, müssen wir erst an die ein wenig trockene und lange Beschreibung der verschiedenen benutzten Methoden gehen, nach denen wir die innere kinetische Energie der Luft, die eigentliche Ursache des Segelfluges, gemessen haben.

§ 2.

Untersuchung über die Quellen der dynamischen Energie der Luft. Unregelmässigkeiten der Windrichtung und Geschwindigkeit; Aufwindkomponente.

Die kinetische Energie der Luft, von der wir früher schon gesprochen haben, kann ihre Ursache haben entweder in Unregelmässigkeiten der Geschwindigkeit oder der Richtung oder schliesslich in einer nicht verschwindenden Vertikalkomponente des Windes.

1. Untersuchungen der Unregelmässigkeiten der Windgeschwindigkeit.

Die Unregelmässigkeiten der Windgeschwindigkeit wurden mit Hilfe eines Drachens untersucht, dessen Kabelzug durch ein Registrierdynamometer aufgezeichnet wurde. Frühere Arbeiten hatten gezeigt, dass der Zug des Kabels eine Funktion der Windgeschwindigkeit ist (und zwar, dass er annähernd proportional dem Quadrat dieser Geschwindigkeit sich ändert). Diese Funktion wurde empirisch unter den folgenden Bedingungen bestimmt :

1) Im Aerotechnischen Institut von Saint-Cyr, indem man am Dra-

chen ein sehr leichtes Robinson-Schalenkreuz-Anemometer befestigte, das gleichzeitig arbeitet mit einem Richard'schen Momentanwertschreiber, der seinerseits mit sehr dünnen Drähten an der Drachenschnur befestigt war.

2) Im Ministère des Inventions durch Herrn Rothé und mich, indem wir den Drachen an einem Automobil befestigten, dessen Geschwindigkeit durch ein Tachometer bestimmt wurde. Wir wählten dazu soweit als möglich den Weg senkrecht zum Wind und ganz schwachen Wind, dessen Richtung und Stärke zu Beginn und am Ende der Untersuchung durch Querfahrten und durch Näherungsverfahren, bei denen wir uns des Drachens selbst bedienten, bestimmt wurde.

3) Der Drachen war ebenfalls verglichen worden mit einem elektrischen Oscillations-Anemometer nach Rothé, das an einer Fesselballongondel in unmittelbarer Nähe des vom Boden aus beobachteten Drachens angebracht war.

Die Ergebnisse dieser Untersuchungen stimmen überein, man kann annehmen, dass die Aenderungen der Windgeschwindigkeit, die vom Vogel ausgenutzt werden können, dieselben sind, die uns durch die Kurven des Registrierinstrumentes geliefert werden. Jedoch darf dabei, wie die Untersuchungen in Saint-Cyr gezeigt haben, die Länge des Kabels einen gewissen Betrag nicht überschreiten, da sonst der Durchhang der Drachenschnur die Unregelmässigkeiten von kurzer Dauer aufnimmt.

Beschreibung der verwendeten Drachen.

Die verwendeten Drachen (1) von 1 m Höhe und 1,8 mm. Spannweite haben die in Abb. 9 angegebene Form. Sie bestehen aus zwei dreieckigen Flügeln DFE und D'F'E' und zwei Zellen von der Gestalt dreiseitiger Prismen FG*b*F'G' und HE*b*'B'H'E' vor der Flügelebene. Die Zellen haben ebene Flächen im Gegensatz zu Flügeln, die gekrümmt sind; diese Krümmung wird dadurch erreicht, dass man die Flügelkanten DE und D'E' länger macht, als der kürzesten Entfernung DE und D'E entspricht.

Der Aufhängepunkt A befindet sich am Treffpunkt zweier Schnüre BA und B'A von wohlbestimmter Länge, die von den Punkten B und B' ausgehen (2).

(1) Sie sind vom gleichen Typ wie die, welche während des Krieges vom Ministère des Inventions als Windmesser in Dienst gestellt wurden. Eine ausführt liche Beschreibung erschien unter « Notice sur le cerf-volant anémomètre », herausgegeben vom Service Géographique de l'Armée 1918.

(2) Wir möchten hier Herrn Nerlow unseren besten Dank aussprechen für die Sorgfalt und Geschicklichkeit, mit welcher er die von uns benutzten Drachen gebau- hat.

Registrier-Dynamometer.

Das Registrier-Dynamometer ist in Abbildung 10 dargestellt. Es besteht aus einer passend geeichten Spiralfeder, die einen Schreibstift C trägt, dessen Angaben auf einem runden Papierblatt aufgezeichnet

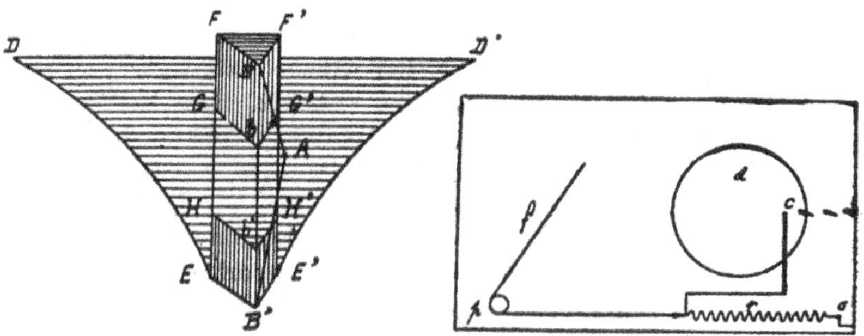

Abb. 9 *a*. — Drachen von unten gesehen.

Abb. 10 — Schema des registrierenden Dynamometers. *r* Spiralfeder mit Aufhängepunkt 0, *c* Schreibstift, *d* Registrierscheibe, *p* Rolle, *f* Drachenschnur.

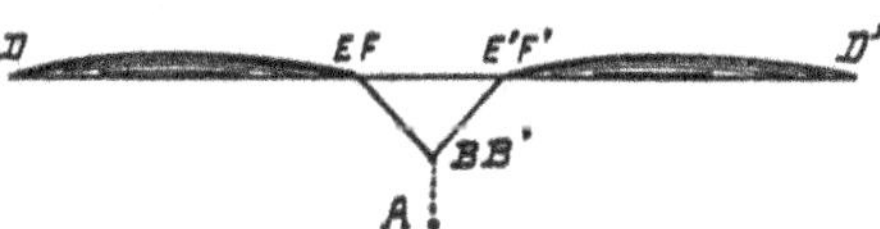

Abb. 9 *b*. — Drachen von vorn gesehen.

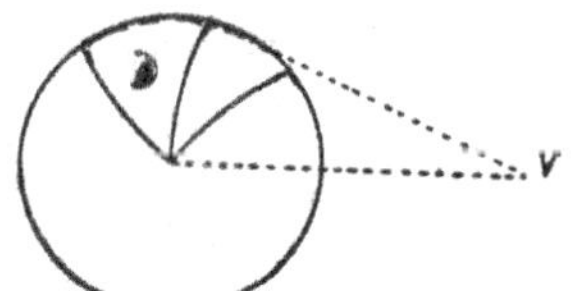

Abb. 11. — Schema der Dynamometer-Registrierung. Die kreisförmigen Radialstrahlen zeigen den Weg des Schreibstiftes auf der ruhenden Registrierscheibe.

werden, das sich von einem Uhrwerk angetrieben um seinen Mittelpunkt dreht. Man erhält so eine Kurve in Polarkoordinaten : die Entfernungen vom Mittelpunkt sind proportional dem Zug und damit eine bekannte Funktion der Windgeschwindigkeit, und die Winkel um den Mittelpunkt sind proportional der Zeit. Diese Anordnung wurde der gebräuchlichen, bei der auf einen Zylinder registriert wird, vorgezogen wegen ihrer Einfachheit, ihres geringeren Platzbedarfs und ihres kleinen Gewichtes (1), alles grundsätzlich notwendige Forderungen für Untersuchungen, die im afrikanischen Busch angestellt werden sollen.

---

(2) Der ganze Apparat wiegt 450 g. und hat eine Grösse von 14 × 10 × 6 cm.

2. Untersuchungen über die Unregelmässigkeiten der Windrichtung.

Die Aenderungen der Windrichtung können aus dem Azimuth, unter dem sich der Drachen befindet, abgeleitet werden. Es wurde also ein anderes Registriergerät gebaut, welches die Aenderung des Azimuths in Abhängigkeit von der Zeit aufzeichnet. Der Schreibstift war diesmal in einer vertikalen Ebene befestigt, welche die optische Achse einer Visiereinrichtung enthielt. Die Vertikalebene, durch welche das Azimuth des Drachens bestimmt wurde, war drehbar um eine Vertikalachse V (vergl. Abb. II). Die Schreibvorrichtung zeichnet auf einer runden Papierscheibe genau wie beim Registrier-Dynamometer. Man erhält so ein Polardiagramm von gekrümmten Strahlen, die Winkel im Mittelpunkt sind proportional der Zeit und die Abstände von ihm, gemessen längs der radialen Kurven, sind proportional den Azimuthen des Drachens.

Dies genügt natürlich nicht, um die momentanen Unregelmässigkeiten in der Windrichtung zu erfassen. In der Tat hindert die Trägheit den Drachen, sich sofort der Windrichtung anzupassen, und die Unregelmässigkeiten von der Grössenordnung des Bruchteils einer Sekunde sind unmöglich durch diese Methode zu erfassen.

Um zu entscheiden, wie sich derartige Schwankungen auswirken, befestigt man direkt unterhalb des Drachens am Kabel einen Streifen sehr leichten Seiden-Musselins, welcher den geringsten Fluktuationen des Windes folgt, und den man vom Boden durch ein mit einem Fadenkreuz versehenes Fernrohr beobachtet.

Diese Momentanschwankungen der Richtung sind dabei äusserst selten, mit Ausnahme in den dem Erdboden unmittelbar aufliegenden Luftschichten, und stehen in keinem Zusammenhang mit dem eigentlichen Flug, wie unsere Arbeiten gezeigt haben.

3. Untersuchungen über die Vertikalkomponente der Windgeschwindigkeit.

Zwei Verfahren wurden benutzt, um die Vertikalkomponente der Windgeschwindigkeit zu bestimmen je nachdem 4 m/s die obere oder untere Grenze der Windgeschwindigkeit war.

Im ersten Fall benutzten wir Pilot-Ballone, im zweiten Windmessdrachen mit Fähnchen.

A. *Die Pilotballon-Methode.*

Das Verfahren ist folgendes :

Ein mit Wasserstoffgas gefüllter Gummiballon, der in einer Atmosphäre ohne irgendwelche Vertikalbewegungen losgelassen wird, steigt mit einer bekannten Geschwindigkeit v_0, die von seinen Dimensionen und von seinem Auftrieb abhängig ist. Wenn zwischen den Zeiten t_1 und t_2 der Wind eine mittlere Vertikalkomponente v hat, so addiert sich diese zu v_0 und der Ballon steigt im betrachteten Zeitintervall um eine Höhe

$$h = (v + v_0) . (t_2 - t_1).$$

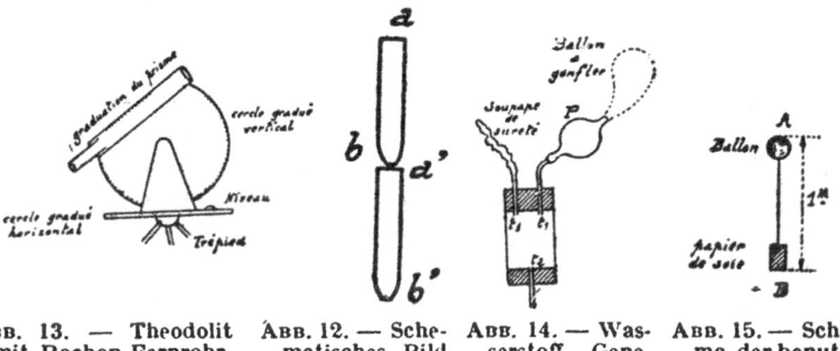

Abb. 13. — Theodolit mit Rochon-Fernrohr. (Graduation du prisme = Teilung am Rochon-Fernrohr, cercle gradué vertical = vertikaler Teilkreis, cercle gradué horizontal = horizontaler Teilkreis, niveau = Libelle, trépied = Stativ.)

Abb. 12. — Schematisches Bild im richtig eingestellten Rochon-Fernrohr.

Abb. 14. — Wasserstoff - Generator. (Ballon à gonfler = zu füllender Ballon, Soupape de sûreté = Sicherheitsventil, P = Saug-u. Blase-Balg, t_1, t_2, t_3 = Röhrchen.)

Abb. 15. — Schema der benutzten Pilotballone (Papier de soie = Seidenpapier).

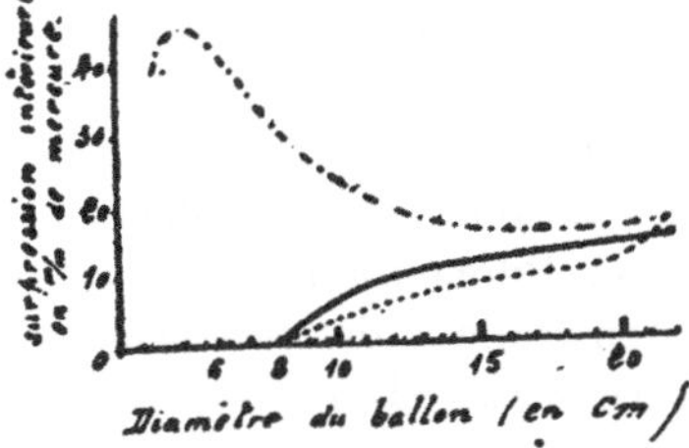

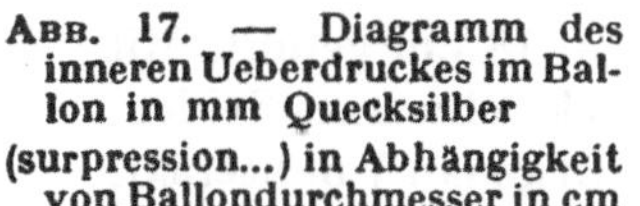

Abb. 17. — Diagramm des inneren Ueberdruckes im Ballon in mm Quecksilber (surpression...) in Abhängigkeit von Ballondurchmesser in cm (diamètre...).

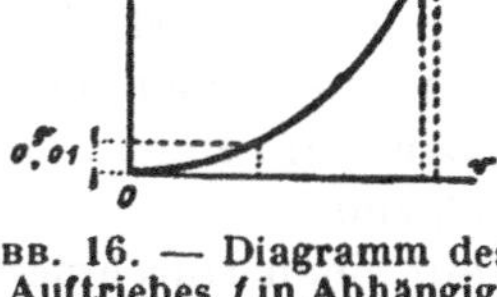

Abb. 16. — Diagramm des Auftriebes f in Abhängigkeit von der Vertikalgeschwindigkeit v.

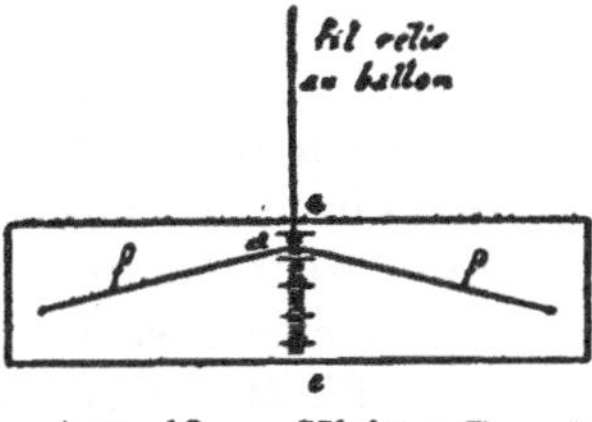

Abb. 18. — Kleines Fesselballon-Dynamometer. a Aufhängepunkt der Ballonfessel (fil...), e-e Skala, f Gummifaden.

Wenn man die Höhe h bestimmt, so kann man v daraus ausrechnen. Das erste, worauf man verfällt, ist, h mittels zweier Theodolite im Doppelanschnitt zu bestimmen. Aber in Afrika konnten wir unmöglich auf einen zweiten Beobachter rechnen. Wir haben also das folgende Verfahren angewandt, das nur einen einzigen Beobachter erfordert.

Der Ballon selbst trug die Basis von 1 m Länge und man verfolgte ihn mit einem Fernrohr nach Rochon, welches den Winkel zu bestimmen gestattet, unter dem die Basis erscheint. Man hat so die Entfernung; der Winkel gegen den Horizont lässt uns dann *h* berechnen.

Die benutzten Apparate bestanden aus einem Fernrohr nach Rochon, das auf Teilkreisen montiert war und aus einem Wasserstoffgenerator.

a) das Fernrohr nach Rochon. (Abb. 13).

Es ist ein Fernrohr, das zwischen Objektiv und Okular mit einem doppeltbrechenden Prisma versehen ist, welches zwei Bilder von dem Gegenstand liefert, z. B. *ab* und *a'b'* (Abb. 12.). Man verschiebt das Prisma längs der optischen Achse so, dass sich die beiden Bilder berühren. Kennt man die Länge *ab*, welche im vorliegenden Falle 1 m beträgt, so kann man die Entfermung als Funktion der Prismenstellung darstellen, die man an einer Skala auf dem Fernrohrgehäuse ablesen kann. Das Fernrohr ist, wie Abb. 13 zeigt, auf 2 mit Gradteilung versehenen Kreisen angebracht, von denen der Horizontalkreis mit einer Nivellierlibelle versehen ist.

b) Der Wasserstoffgenerator.

Die Notwendigkeit, über äusserst transportable Geräte zu verfügen, hat uns zu der folgenden Apparatur geführt.

Sie besteht aus einem Kupferrohr E von ungefähr 3 cm Durchmesser und 10 cm Länge, das an seinen beiden Enden durch Korkstopfen, die von zwei kleinen Röhren l_1 und l_2 durchbohrt sind, abgeschlossen wird. Die Röhre *l* führt über einen Gummischlauch mit einem Druck- und Saugball P zum Ballon. Nachdem man einen der Stöpsel entfernt hat, legt man einige Gramm Calciumhydrid hinein, schliesst wieder und taucht die Röhre l_2 in etwas Wasser. Mit Hilfe des Balles saugt man ein klein wenig Wasser in den Apparat, dieses zersetzt das Hydrid und gibt Wasserstoff, den man mittels P in den Pilotballon drückt. Eine dritte Röhre l_3 trägt einen unaufgeblasenen Ballon, der das Gas aufspeichert, wenn der Druck im Innern zu stark wird. Der Vorgang beim Pilotieren ist der folgende :

Der Ballon wird bis auf einen Durchmesser von 18 cm gefüllt. Mit Hilfe eines Fadens befestigt man an ihm ein Stück schwarzes Seidenpapier, so dass die Gesamtlänge AB (vergl. Abb. 15) genau 1 m beträgt. Man wiegt das System mit 0.25 g Ballast so aus, dass es in einer ruhigen Atmosphäre im Gleichgewicht ist. Dazu vergleicht man es im Windschatten mit kleinen Flaumfedern, deren Sinkgeschwindigkeit rund 110 cm pro Sekunde beträgt. Man entfernt dann das 0.25 g Gewicht und lässt den Ballon fliegen. Darauf visiert man ihn mit dem Rochon-Fernrohr an und macht in passenden Zeitabständen seine Messungen, indem man das Ende A des einen Bildes mit dem Ende B des anderen zur Berührung bringt.

Wir wollen jetzt sehen, welche Fehlermöglichkeiten bei dieser Methode bestehen und welche Genauigkeit man erwarten kann.

Die erhaltene Genauigkeit.

1.) Das Gleichgewicht des Ballons. — Vorausgesetzt, man habe keinen vollkommen windstillen Platz, dann muss man mit einem Fehler von 10 cm/sec rechnen. Aber Untersuchungen in einem Zimmer, wo die Luft in Ruhe war, haben gezeigt, dass, wenn f der Auftrieb des Ballons und V seine Sollgeschwindigkeit ist, dann sehr angenähert gilt $f = KV^2$. Bilden wir davon das logarithmische Differential, so erhalten wir :

$$\frac{\Delta f}{f} = 2\frac{\Delta V}{V},$$

Daraus :
$$\Delta V = \frac{1}{2}\frac{\Delta f}{f}V = \frac{1}{2}\frac{\Delta f}{\sqrt{K.f}}.$$

Also für einen gegebenen Fehler Δf wird der mögliche Fehler in ΔV umso kleiner sein, je grösser f selbst ist. Für $V = 0.10$ m erhält man $f = 0.01$ g. Ein Fehler von 10 cm beim Auswiegen des Ballons entspricht nur einem Fehler von 0.01 g im Auftrieb f, was bei der endgültigen Steiggeschwindigkeit des vom Ballast freien Ballons von 0.50 m/s nur einen Fehler von 0.01 m/sec gibt. (vgl. Abb. 16).

2.) Die Steiggeschwindigkeit des Ballons. — Sie ist durch viele Versuche in geschlossenen Gebäuden bestimmt worden. Man kann einwenden, dass die Geschwindigkeit in der freien Luft, die ja turbulent ist, von der Geschwindigkeit in ruhender Luft verschieden ist. Dies beobachtete man auch tatsächlich bei grösseren Ballonen bei 3-5 m/s Steiggeschwindigkeit. Hergesell (1) hat festgestellt, dass derartige Ballone mit einer um 10 % grösseren Geschwindigkeit steigen als in der ruhenden Luft im Innern des Strassburger Münsters. Dieses Phænomen ist schon vorher von Wenger (2) angegeben worden und ich selbst hatte Gelegenheit es festzustellen beim Studium der Bearbeitung von 150 Doppelanschnitten der meteorologischen Station Dugny (Seine). Aber die Untersuchungen, die in den letzten Jahren in Göttingen und am Aerotechnischen Institut zu Saint-Cyr angestellt wurden, haben gezeigt, dass der Unterschied des Widerstandes zwischen ruhiger und bewegter Luft rasch mit der Geschwindigkeit abnimmt. Aus den gefundenen Zahlenwerten kann man schliessen, dass bewegte Luft die Steiggeschwindigkeit der benutzten Ballone höchstens um 2-3 % vergrössert bei den kleinen Geschwindigkeiten von weniger als 1 m, mit denen wir unsere Untersuchungen vornahmen.

---

(1) *Annalen des Observatoriums Lindenberg.*
(2) *Annalen der Hydrographie.*

3.) Der Einfluss des Druckes. — Man hat ihn berechnet unter Berücksichtigung des Ueberdruckes im Innern des Ballons in Abhängigkeit von der Ausdehnung der Gummihülle. Diesen Ueberdruck während des Aufblasens zeigt Abb. 17. Die strichpunktierte Linie entspricht dem ersten Aufblasen, die punktierte dem Abblasen und die ausgezogene dem Wiederaufblasen. Diese ist für uns praktisch von Interesse, denn jeder Ballon wurde zur Probe erst mit Luft gefüllt, bevor er seine Wasserstoffüllung erhielt. Man erkennt, dass der Ueberdruck nahezu konstant bleibt, wenn der normale Durchmesser von 0.18 m überschritten wird. Er steigt nur um 1/2 mm Quecksilber bei einer Vergrösserung des Durchmessers um 1 cm, was einer Höhenänderung des Ballones von mehr als 1000 m entspricht.

Unter diesen Verhältnissen findet man also, dass die Vergrösserung der Aufstiegsgeschwindigkeit nur 0.5 cm/s für je 500 m Höhe beträgt, was vollständig zu vernachlässigen ist.

Diese Ueberlegungen wurden durch Experimente unter dem Rezipienten der Luftpumpe bestätigt; es stellte sich dabei heraus, dass ein einmal ausgewogener Ballon es auch nahezu bleibt bei einer Erniedrigung des Druckes um weniger als 100 mm.

4.) Einfluss der Temperatur. — Wenn das Innere des Ballones mit der Umgebung im thermischen Gleichgewicht bleibt, so ist die Temperatur selbst bei Aenderungen um einige Grad Celsius ohne Einfluss. Ein Temperatur-Unterschied dagegen zwischen Ballon und Umgebung kann einen nennenswerten Einfluss erreichen. Die Rechnung zeigt, dass die Steiggeschwindigkeit um ungefähr 1 cm/sec für 1° Temperatur-Ueberschuss im Innern zunimmt. Um den Einfluss der Erwärmung durch Sonneneinstrahlung zu prüfen, wurden Ballone, in denen sich Thermometer befanden, an windgeschützten Stellen der Strahlung der Sommersonne ausgesetzt, dabei zeigte sich, dass die Erwärmung bei den benutzten Ballonen niemals mehr als 10° betrug. Ausserdem stellte sich das Temperaturgleichgewicht sehr rasch her (innerhalb 2-3 Minuten) und es besteht kein Anlass zu Bedenken, wenn man den Ballon in der Sonne auswiegt. Die angegebene Korrektion spielt nur eine Rolle, wenn der Ballon abwechselnd durch Sonne und Schatten fliegt; man muss dann mit einem möglichen Fehler von höchstens 0.10 m/sec rechnen.

5.) Die Durchlässigkeit der Ballonhülle. — Untersuchungen haben gelehrt, dass man mit einem Wasserstoffverlust von maximal 0.03 g/10 min rechnen muss, was einer Verringerung der Steiggeschwindigkeit um 3 cm/sec entspricht. Wenn die Pilotmessung 20 min dauert, das Maximum, so haben wir am Schlusse mit einer maximalen Erniedrigung der Steiggeschwindigkeit um 0.06 m/sec zu rechnen.

6.) Die Berechnung der Höhe. — Der Winkel über dem Horizont kann mit einer Genauigkeit von ungefähr 5′ bestimmt werden. Der Abstand

x, gemessen in Metern, hängt mit der Teilung des Rochon-Fernrohres y, gemessen in Millimetern, zusammen nach der empirisch gefundenen Formel :

$$x. (y + 5{,}6) = 24600.$$

Nun lässt sich y mit einer Genauigkeit von 0.3 mm. bestimmen. Für einen Höhenwinkel von 20°, der nur selten überschritten wurde, beträgt demnach der mögliche Fehler in der Bestimmung der Höhe 5 m bei 1000 m und 15 m bei 2000 m Entfernung. Bei Entfernungen von mehr als 3 km müsste man ein stärkeres Fernrohr wählen. Bei einer Schicht von 100 m, die in 200 sec durchstiegen wird, ergibt sich ein maximaler Fehler von 0.05 m/sec bei 1000/m und von 0.15 m/sec bei 2000 m Entfernung.

Zusammenfassung. — Die Pilotballonmethode gestattet die Vertikalgeschwindigkeit mit einer Genauigkeit von ungefähr 0.10m/sec zu bestimmen, wenn der Ballon nicht weiter als 1 km entfernt bleibt; bei 2 km Entfernung darf man nur noch mit einer Genauigkeit von 0.20 m/sec rechnen. Dazu kommt noch ein Fehler von ungefähr 0.05 m/sec, wenn der Ballon zeitweise im direkten Sonnenlicht und im Schatten fliegt.

N. B. — Eine etwas davon verschiedene Methode wurde in einigen Fällen verwandt. Sie bestand darin, dass der Ballon, der mit bestimmtem Auftrieb ausgewogen war und demnach mit bekannter Steiggeschwindigkeit stieg, in bestimmten Zeitabständen photographiert wurde. Die Grösse des Ballonbildes bei kleiner Entfernung bezw. der Abstand auf der Platte zwischen Ballon und dem darunter hängenden schwarzen Körper gab die Entfernung des Ballones. Die Höhe über dem Horizont wurde durch Ausmessen auf der Platte im Vergleich mit einem künstlichen Horizont bestimmt. Diese Methode wurde hauptsächlich benutzt bei den Untersuchungen auf dem Mere und an den Küsten der Normandie, wie wir später sehen werden.

Die Piloballonmethode hat das Unbefriedigende, dass sie sich nicht für kontinuierliche Registrierungen eignet.

Eine davon wenig abweichende Methode wurde benutzt, wenn die Windgeschwindigkeiten in den untersten Schichten kleiner als 2 m/sec (Calme) waren und die Vögel in wenigstens 20 m Höhe segelten, was ziemlich häufig der Fall war.

Dann wurde die Aenderung der Steigkraft eines an sehr leichtem Faden gefesselten Ballons gemessen mit Hilfe eines kleinen auf Decigramm ansprechenden Dynamometers. Dieses Dynamometer wird von einem horizontal gespannten Gummifaden gebildet (vergl. Abb. 18), in dessen Mitte a der Haltefaden des Ballons befestigt ist.

Der Punkt a befindet sich vor einer Skala. Der Apparat muss häufig geeicht werden mit Rücksicht auf die Aenderungen der Elastizität des Gummis, welche mit der Zeit und dem Gebrauche verbunden sind; dazu benutzt man bekannte Gewichte (0.1g, 0.5 g, 1 g etc.), welche man in a anhängt.

Die Stellung des Punktes a vor der Skala ist dann eine Funktion der Zugkraft des Ballons, welche sich ändert, je nachdem eine auf-oder absteigende Luftbewegung den Ballon trifft.

B. *Untersuchung der Vertikalkomponente des Windes mit Hilfe von Drachen und Fähnchen.*

Bei Windgeschwindigkeiten von mehr als 4 m/sec wendet man vorteilhaft eine andere Methode an.

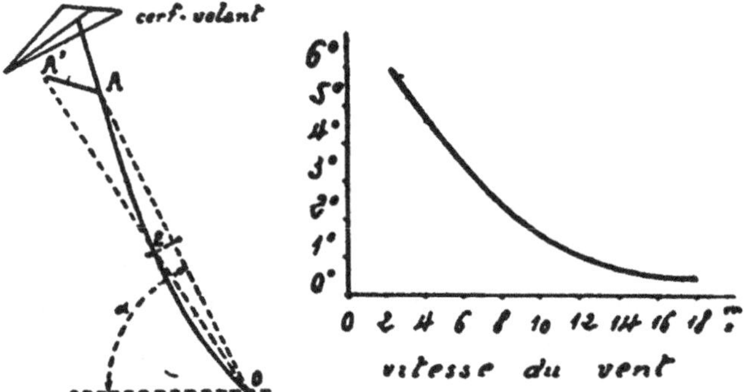

Abb. 19. — Schema der Fähnchenmethode (cerf-volant = Drachen).

Abb. 20. — Diagramm der Korrektionen zur Fähnchenstellung in Abhängigkeit von der Windgeschwindigkeit in m/sec (vitesse...).

Man befestigt an einem Drachenkabel, einige Meter unterhalb des Apparates, z. B. in A, ein sehr leichtes Fähnchen (aus Seiden-Musseline (1), welches sich mit grosser Empfindlichkeit in die Windrichtung einstellt. Wenn das Fähnchen unendlich leicht wäre, würde es sich genau in die Windrichtung einstellen, aber zufolge seines Gewichtes bildet es in der Vertikalen einen Winkel mit jener. Dieser Winkel wurde im Windkanal bestimmt durch Vergleich mit einer gut ausgewuchteten horizontal gelagerten Windfahne, mit deren Hilfe es gelang, die Richtung des Windkanalstrahles genau zu bestimmen, indem bei jedem Messpunkt die Windfahne sowohl mit dem einen als mit dem anderen Ende nach vorn gelegt wurde. Die hierbei erhaltenen Werte zeigt Abb. 20. Die Untersuchung verschiedener Fähnchen hat erge-

(1) Dieser Stoff wurde gewählt, weil sich dann die Fähnchen stabil im Winde halten können.

ben, dass man mit einem maximalen Fehler von 0.5° bei der Bestimmung des Winkels ψ rechnen kann.

Wenn φ die Neigung des Windes gegen den Horizont bedeutet, positiv gerechnet, wenn der Wind aufwärts weht, und φ_1 der gemessene Winkel zwischen der Fahnenstellung und dem Horizont, dann erhält man

$$\varphi = \varphi_1 + \psi$$

Die Messung von φ_1. — Man bestimmt am Boden vom Punkte O (Abb. 19), dem Ende des Haltekabels, mit Hilfe des Rochon-Fernrohres den Winkel ε, unter dem man das Fähnchen AA′ sieht, oder besser einen Teil dieser Fahne von der Länge l, der schwarz gefärbt wurde. Wenn sich das Fähnchen in der durch AO gehenden Vertikalen befindet, hat man :

$$\sin (\alpha - \varphi_1) = \frac{L}{l},$$

wo α der Winkel zwischen AO und dem Horizont bedeutet.

L, der Abstand AO, bestimmt sich leicht aus der Kabellänge, ε, der Winkel, unter dem man das Fähnchen sieht, wird durch die Formel

$$\varepsilon = \frac{y + 5.6}{24\,600}$$

gefunden, worin y in mm an dem Rochon-Fernrohr abgelesen werden kann.

Wenn der Drachen nicht vollständig symmetrisch ist, stellt er sich schräg gegen den Wind und AA′ liegt nicht mehr in der Vertikalebene AO. Es sei ω der Winkel der Ebene AOA′ mit der Vertikalebene; er wird leicht aus dem Winkel bestimmt, um den man das Rochon-Fernrohr um seine Achse drehen muss, damit das eine Bild des Fähnchens in der Verlängerung des anderen liegt (eine Kreisteilung ist zu diesem Zweck am Fernrohr angebracht worden).

Man hat dann die Formel

$$\sin \varphi_1 = \sin \alpha \cos \theta - \cos \alpha \sin \theta \cos \omega,$$

worin

$$\sin \theta = \varepsilon \frac{L}{l}$$

bedeutet; hieraus lässt sich φ_1 bestimmen.

Die erhaltene Genauigkeit.

Nehmen wir $L = 100$ m
$l = 0.25$ m.

Man kann berechnen, dass, wenn α mit einer Genauigkeit von einem

Viertelgrad und y mit einer solchen von 0.3 mm bekannt ist, man φ_1 mit einem maximalen Fehler von 1° erhalten kann (1).

Noch etwas bekräftigt die Untersuchungen. Als der Wind sich längere Zeit gleichmässig hielt, gaben mehrfach wiederholte Versuche für φ_1 Werte, die alle um weniger als 1° voneinander abwichen. Die einzige Voraussetzung ist, dass man bei unregelmässig wehendem Winde nur in dem Augenblick Messungen vornimmt, wenn das Fähnchen vollständig ruhig und unbeweglich im Gesichtsfeld des Fernohres zu sehen ist.

Der benutzte Drachen. — Die benutzten Drachen sind Anemometerdrachen, wie sie im Ministère des Inventions für die Bedürfnisse der Artillerie (siehe Seite 18) entwickelt wurden; die Windgeschwindigkeit in der Höhe des Drachens wird durch den Kabelzug gegeben, der mit Hilfe eines Dynamometers gemessen wird.

Vorteile dieser Methode. — Gegenüber der Pilotballonmethode hat diese den Vorteil grösserer Schnelligkeit. Ausserdem gestattet sie, die Atmosphäre an genau definierten Stellen zu erforschen, was mit Ballonen viel schwieriger ist, da diese nicht immer genau in die gewünschte Gegend fliegen. Diese Methode gibt ferner die Vertikalkomponente in einem bestimmten Punkt und nicht nur das Mittel einer Luftschicht. Schliesslich kann man zwei oder drei Fähnchen an dem Kabel anbinden und sehr rasch die Vertikalkomponente in verschiedenen Höhen dann messen.

Das Unbefriedigende ist, dass man bei Windgeschwindigkeiten kleiner als 4 m/sec nicht arbeiten kann, da sich der Drachen in diesen Fällen nicht in der Luft halten kann. Man kann ferner mit diesem Drachen 200-250 m Höhe nicht überschreiten, während der Pilotballon zuweilen 500 m Höhe und mehr zu erreichen gestattet. Man könnte natürlich diesen Nachteil durch Verwendung stärkerer Drachen ausgleichen, diese sind dann aber wieder weniger manövrierfähig.

Auch diese Fähnchen-Methode eignet sich nicht für kontinuierliche Registrierungen, da jede Beobachtung drei Ablesungen erfordert.

Wir haben also daran gedacht, direkt die Höhe α des Drachens über dem Horizont zu benutzen, welche eine Funktion der zu bestimmenden Windneigung φ ist unter der Voraussetzung, dass alle übrigen Elemente unverändert bleiben.

Diese Frage erschien a priori reichlich verwickelt, denn der Winkel α hängt ausser von φ noch ab :

I. von der Art und Länge der Halteschnur,

II. von der Zeit, welche die Form des Drachens ändern kann

(1) ψ ist andererseits mit einem Fehler von höchstens 0,5° bekannt, daraus folgt, dass φ, der Neigungswinkel des Windes, mit einem maximalen Fehler von 1,5° behaftet ist.

(Schlaffwerden der Flügel, Nachlassen der Steifigkeit des Bambus usw), III. von der Windgeschwindigkeit.

Zu I. Die erste Frage kann dadurch erledigt werden, dass man den Winkel α der Abb. 19 auf den Winkel α_1 zurückführt, den die Schnur mit der Horizontalen in der unmittelbaren Nähe des Drachens bildet. dieser Winkel ist ersichtlich von der Art und Länge der Schnur unabhängig (vergl. Abb. 21).

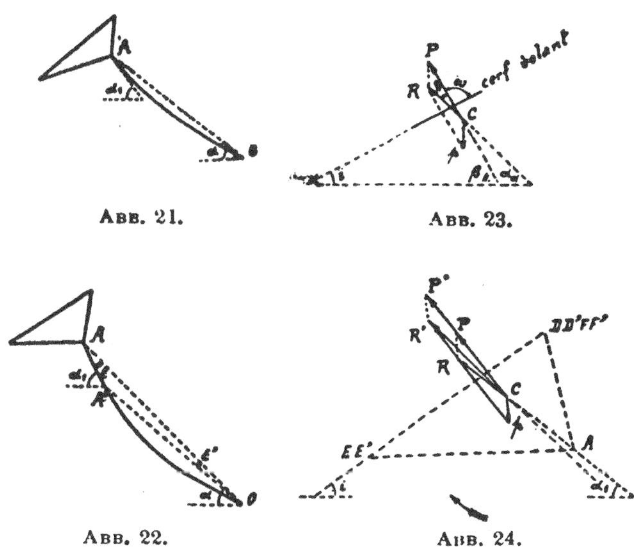

Abb. 21. Abb. 23.

Abb. 22. Abb. 24.

Abb. 21-24. — Schematische Darstellungen der Winkel und Kräfte am Drachen.

Dazu muss man den Winkel ε, die Differenz der beiden Winkel, bestimmen. Dies kann man leicht, wenn man zwei kleine Körper, die sich gut gegen den Himmel abheben (z. B. Baumwollbällchen), an der Halteschnur befestigt und zwar den einen im Befestigungspunkt des Drachens A (Abb. 22) und den anderen 5 bis 6 m tiefer in A'. Man bestimmt dann mit dem Rochon-Fernrohr (welches leicht eine Näherung auf 5'' gibt) den Winkel ε', unter welchem man vom Punkte O aus die Strecke AA' sieht. Dann gilt :

$$\frac{\varepsilon}{\varepsilon'} = \frac{A'O}{AA'}.$$

Hieraus lässt sich ε mit hinreichender Genauigkeit bestimmen; in der Praxis genügt es, α bis auf einhalb Grad genau zu kennen.

Man findet ferner, dass dieser Winkel, sofern er nur klein ist, und dies ist in der Tat der Fall, sich nur ganz wenig mit der Windgeschwindigkeit und der Neigung des Drachens ändert bei gegebener Länge der Schnur von gegebener Sorte und Dicke. Dies erklärt sich leicht, da eine Steigerung der Windgeschwindigkeit einen doppelten Einfluss ausübt.

1.) Sie erhöht den Drachenzug und infolgedessen die Spannung der Schnur, also versucht sie, deren Durchhang zu verringern;

2.) Sie wirkt direkt auf die Schnur, indem der Winddruck den Durchhang zu verstärken sucht; bei der gewünschten Genauigkeit heben sich in der Praxis beide Einflüsse nahezu auf.

Man darf also annehmen, dass die Aenderungen des Winkels α_1 den Aenderungen von α parallel gehen, und das gerade brauchen wir bei der praktischen Durchführung der Messungen.

Zu II. Die zweite Frage (nach dem Einfluss der Zeit, welche die Eigenschaften des Drachens ändert) kann dadurch erledigt werden, dass man von Zeit zu Zeit den Drachen mit der Fähnchenmethode eicht; man wird dabei feststellen, dass diese langfristigen Aenderungen sehr schwach sind.

Zu III. Es bleibt noch die Frage nach der Aenderung von α mit der Windgeschwindigkeit zu erledigen. Man kann sich dadurch helfen, indem man sich in ein Diagramm (mit Hilfe der weiter unten beschriebenen Registriervorrichtung) α in Abhängigkeit von der Windgeschwindigkeit v aufträgt. Hat man die Funktion $\alpha_0 = f(v)$ einmal experimentell mit Hilfe der Fähnchen- Methode bestimmt, wobei wir mit α_0 den Wert von α bezeichnen, der zu einem horizontalen Wind ($\varphi = 0$) gehört, so kann man die erhaltenen Werte vom Einfluss der Aenderungen von v befreien.

Auf diese Weise kommt man zu genauen quantitativen Messungsergebnissen.

Um uns jedoch die ganze Sache zu vereinfachen, haben wir versucht, einen Drachen so zu konstruieren, dass für ihn die Funktion $f(v)$ innerhalb eines grossen Bereiches von v zu einer Konstanten wird. Zu dem Zweck müsste die Funktion $\alpha_0 = f(v)$ ein Maximum oder Minimum werden für die häufigsten Werte von v. Betrachten wir einen Drachen im Gleichgewicht (Abb. 23). Es verschwindet die Resultante aller im Befestigungspunkt A angreifenden Kräfte; der Kabelzug muss mit der Resultierenden CR aus den Luftkräften P und dem Gewicht des Drachens im Gleichgewicht stehen. Nehmen wir nun an, dass der Wind auffrischt : CP wächst zum Werte CP'. Die Resultierende CR' geht jetzt nicht mehr durch den Punkt A, sondern wird versuchen, den Drachen im Sinne des Pfeiles zu drehen. Der Winkel i der Ebene DEFD'E'F' (vergl. den Grundriss des Drachens Abb. 12 und seinen Seitenriss Abb. 24) mit der Horizontalen würde kleiner werden. Wenn sich nun der Winkel i verkleinert, so lässt sich für das benutzte Drachenmodell aussagen :

1.) der Angriffspunkt K der Luftkräfte wird sich der Vorderkante DFD'F' nähern,

2.) der Luftwiderstand P wird kleiner und

3.) der Winkel ω zwischen P und der Ebene DFED'C'F' wird sich gleichfalls verkleinern.

All das wird dahin wirken, dass die Richtung der neuen Resultierenden wieder auf den Punkt A zurückgeführt wird. Wenn man nun dafür sorgt, dass K, P und ω in passender Weise sich ändern, so muss es möglich sein, dass in der neuen Gleichgewichtslage die Resultierende CR' von P und r parallel zu CR in der alten verläuft und also wieder den Winkel α_1 mit dem Horizont einschliesst.

Nach längerem Probieren gelang es uns, durch geringe Aenderung der Form des Windmessdrachens des Ministère des Inventions (Type aus Perkal) (1) einen praktisch konstanten Wert von 1.5° für α_1 zwischen den Windgeschwindigkeiten von 7-16 m/sec zu erhalten.

Von unserer zweiten Reise an wurde dieser neue Apparat benutzt, um kontinuierliche Registrierungen von α zu erhalten.

Nun müssen wir den Wert von φ, der Neigung des Windes, in Abhängigkeit von α_1, der Neigung des Drachens gegen den Horizont, bestimmen.

Eine theoretische Untersuchung kann uns zum Ziele führen :

Es sei p das Gewicht des Drachens,

P die Summe der Luftkräfte,

α_0 der Winkel, den die Schnur mit dem Horizont in der Nähe des Drachens bildet, wenn die Neigung φ des Windes verschwindet, der Wind also horizontal weht, oder, was dasselbe ist, α_0 ist unter der eben genannten Bedingung der Winkel, den die Resultierende CR mit der Horizontalen einschliesst,

β der Winkel von P mit dem Horizont;

$\alpha_1 = \alpha_0 + \Delta\alpha_0$ der Winkel, zu dem α_0 wird, wenn φ nicht mehr verschwindet,

θ der Winkel zwischen P und R.

Da θ klein ist, so haben wir, wenn $\varphi = 0$ (vergl. Abb. 23).

$$\sin\theta = \theta = \frac{p.\cos\alpha_0}{P}$$

mit

$$\theta = \alpha_0 - \beta.$$

Hieraus folgt

$$\alpha_0 - \beta = \frac{p.\cos\alpha_0}{P} \qquad (1)$$

Ist φ von 0 verschieden, so wird aus α_0 der Wert $\alpha_0 + \Delta\alpha_0$, und P schliesst mit dem Horizont den Winkel $\beta + \varphi$ ein (denn wenn der Dra-

(1) Geringe Verkleinerung der Flügelflächen.

chen unendlich leicht wäre, so würde die Schnur in der Verlängerung von CP stehen und wenn φ sich vom Werte O zu einem endlichen ändert, dreht sich die ganze Figur um den Winkel φ; also wird der Winkel von CP mit der Horizontalen $\beta + \varphi$; da die Lage von CP unabhängig von p ist, bleiben die Verhältnisse auch noch so für ein endliches Gewicht des Drachens). Wir haben also für endliches φ den neuen Wert von

$$\theta = \frac{p.\cos(\alpha_0 + \Delta\alpha_0)}{P}$$

mit $$\theta = (\beta + \varphi) - (\alpha_0 + \Delta\alpha_0).$$

Hieraus folgt : $$-\theta = \alpha_0 + \Delta\alpha_0 - (\beta + \varphi) = -\frac{p.\cos(\alpha_0 + \Delta\alpha_0)}{P} \quad (2)$$

Aus den Gleichungen 1 und 2 können wir schliessen

$$\Delta\alpha_0 - \varphi = -\frac{p}{P}\left[\cos(\alpha_0 + \Delta\alpha_0) - \cos\alpha_0\right] = \frac{p}{P}\sin\alpha_0 + \Delta\alpha_0$$

Hieraus $$\varphi = \Delta\alpha_0\,(1 - \frac{p}{P}\sin\,\alpha_0) -= K.\Delta\alpha_0,$$

wenn wir mit K den Klammerausdruck

$$K = (1 - \frac{p}{P}\sin\,\alpha)$$ bezeichnen.

Wenn wir z. B. den Drachen nehmen, den wir auf unserer zweiten Reise nach Senegambien normalerweise benutzten, so finden wir für eine mittlere Windgeschwindigkeit von 10 m/sec.

$$P = 1{,}2 \text{ kg.}$$
$$p = 0{,}25 \text{ kg.}$$
$$\sin\,\alpha' = 0{,}75.$$

Das gibt : $$\varphi = \Delta\alpha_1\ (1 - 0{,}15) = 0{,}85\ \Delta\,\alpha_1.$$
$$K = 0{,}85.$$

Wir haben andererseits den Koeffizienten K experimentell aus den Werten bestimmt, die wir mit der Fähnchenmethode erhalten haben. Dabei erhielten wir als Mittelwert aus einer Reihe von ungefähr 30 Einzelbeobachtungen, die zu einem mittleren Winde von ungefähr 10 m/sec gehörten :

$$K = 0{,}90,$$

und diesen Wert haben wir unseren Untersuchungen zu Grunde gelegt.

Um nun schliesslich eine kontinuierliche Registrierung des Winkels α zu erhalten, haben wir ein Registriergerät dazu konstruiert.

Dieses besteht im wesentlichen aus zwei geteilten Kreisen, einem horizontalen, und einem vertikalen, die genau wie bei einem Theodoliten angeordnet sind. Das Fernrohr des Theodoliten ist hier jedoch ersetzt durch ein einfaches Visier V.

Die Grössen der Winkel α, welche der Vertikalkreis gibt, werden auf einer horizontalen Scheibe D aufgeschrieben, die durch ein Uhrwerk gedreht wird (vergl. Abb. 25). Zu diesem Zwecke trägt der

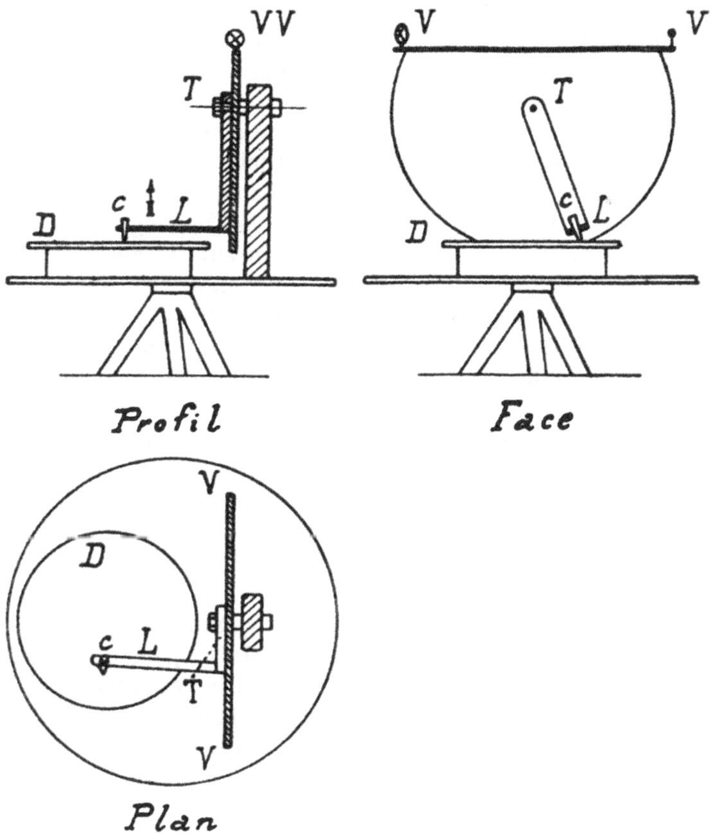

ABB. 25. — Schematische Darstellung des Apparates zur Registrierung der Höhenwinkel α, Grundriss (plan), Aufriss (profil) und Seitenriss (face).

Vertikalkreis eine drehbar im Mittelpunkt gelagerte Zunge T, die man in Koinzidenz mit einem beliebigen Teilpunkt des Kreises bringen kann, wo sie dann dank der grossen Reibung, mit der sie gelagert ist, während der Messung bleibt. Diese Zunge T trägt eine dünne Stahlfeder L, deren Ebene senkrecht auf der Achse der Zunge T steht. Dadurch kann sich die Feder L nur in Richtung des Pfeiles, d. h. in einer Ebene, die durch den Mittelpunk des Vertikal-Kreises geht, ein wenig biegen.

An ihrem Ende trägt sie einen Schreibstift C. Man stellt nun den Apparat so ein, dass für den Wert α_0 von α_1, der zu $\varphi = 0$ gehört, die Zunge T senkrecht auf der Scheibe D steht. Wenn man nun den Vertikalkreis des Theodoliten dreht, zeichnet der Schreibstift eine Gerade und deren Längen, gemessen von der Ausgangsstellung, sind proportional den goniometrischen Tangenten von $\alpha - \alpha_0$, d. h. praktisch proportional den Werten $\alpha - \alpha_0$ selbst.

Der Apparat wurde nun so konstruiert, dass die vom Schreibstift C gezeichnete Gerade durch den Mittelpunkt O der Registrierscheibe hindurchgeht.

Diese Methode der direkten und einfachen Messung von α hat gegenüber der Fähnchenmethode zwei beträchtliche Vorteile :

1. Sie gibt die Möglichkeit kontinuierlicher Registrierungen.
2. Wenn man sich mit einzelnen Messwerten begnügen will, so reduziert sich das Beobachtungsinstrumentarium auf ein äusserst geringes Mass : den Drachen mit seiner Schnur, ein kleines Dynamometer zum Bestimmen der Windgeschwindigkeit und einen Taschensextanten, mit dem man den Winkel α für einen künstlichen Horizont bestimmt (später muss man dann noch die Korrektion anbringen, die zu dem künstlichen Horizont gehört). Diese Dinge müssen auch nicht unbedingt am Boden feststehen, wodurch der Beobachter die Möglichkeit hat, das Drachenkabel an seinem Gürtel zu befestigen und sich nach Belieben an die Stellen zu begeben, wo sich die Vögel aufhalten, was häufig sehr wertvoll ist. Denn wenn man an einem festen Platz steht, muss man tatsächlich manchmal sehr lange Zeit warten, bis Vögel in den gewählten Gebieten segeln.

Nichtsdestoweniger ist diese Methode ungenauer als die der Fähnchen. Wir glauben nach den gemachten Messungen, dass man eine Genauigkeit für φ von 2° garantieren kann, aber kaum mehr, während man mit der Fähnchenmethode eine Genauigkeit von 1° erhält, wenn die Messungen einwandfrei durchgeführt werden.

ZWEITER TEIL

UNTERSUCHUNGSERGEBNISSE. — DIE DIREKTE UND INDIREKTE URSACHE DES SEGELFLUGES. — DIE LETZTE QUELLE DER ENERGIE. — SEGELFLIEGERISCHE EIGENSCHAFTEN DER VERSCHIEDENEN VOGELARTEN.

Die unmittelbare Ursache des Segelfluges.

Die ersten vor dem Jahre 1919 gemachten Untersuchungen beschäftigten sich hauptsächlich mit den Seemöven, die an unseren Küsten

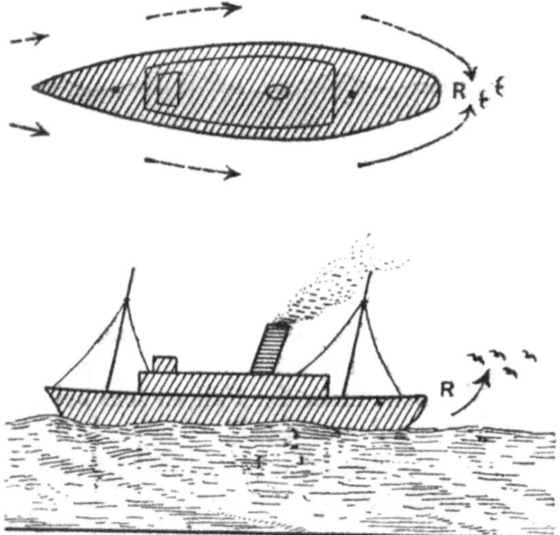

Abb. 26. — Der Aufwind am fahrenden Schiff.

fliegen und den Schiffen folgen. Hier findet man eine deutliche Aufwindkomponente. Hinter den Schiffen ist sie im allgemeinen sehr stark (2 m/sec.); über den Küsten ist sie gleichförmig genügend gross (oft bis zu 1 m/sec).

In diesem Falle entsteht der Aufwind durch die Klippen, durch Höhenunterschiede des Geländes oder auch einfach durch den Wechsel in seiner Beschaffenheit (Wald usw.). Hinter fahrenden Schiffen entsteht er durch das Wiederzusammenfliessen der Luftmassen, die vom Rumpf und dem Oberbau getrennt worden waren. Da diese Luftmassen mit einer gewissen relativen Geschwindigkeit aufeinanderstossen und nach unten nicht ausweichen können, bilden sie eine Woge aufsteigender Luft, welche dem Schiffe folgt (1) (vergl. Abb. 26). Es ist genau so wie hinter einem fahrenden Automobil : der aufsteigende Luftstrom trägt die Staubwolke.

Die Eingeborenen der Elfenbeinküste benutzen sehr geschickt ein analoges Phaenomen auf dem Wasser. Mit ihren kleinen Booten folgen sie oft eine Stunde lang ohne einen Ruderschlag dem Küstendampfer. Sie suchen zunächst durch Rudern ihr Boot auf die Geschwindigkeit des Dampfers zu bringen, und setzen sich dann auf den Vorderteil einer der Wellen, welche dem Kielwasser des Dampfers folgen. Dann brauchen sie nur noch zu steuern, sie befinden sich auf einer schiefen Flüssigkeitsebene, die mit dem Schiffe sich fortbewegt und so erreichen

Abb. 27. — Eingeborenenboot im Kielwasser eines Dampfers.

sie ohne Anstrengung Geschwindigkeiten von 7-8 Knoten (vergl. Abb. 27).

Genau so hängen sich die Vögel in den aufsteigenden Teil der Luftwoge, welche hinter dem Schiffe mitzieht.

Aber es scheint dies nicht mehr der Fall zu sein bei den grossen afrikanischen Segelvögeln, an denen Mouillard seine berühmten Beobachtungen gemacht hat. Wenigstens hatten wir 1919 beim Ausbooten in Dakar diesen Eindruck, als wir zum ersten Male über den gleichmässigen Ebenen, die diese Stadt umgeben, hunderte von Vögeln beobachten konnten, die auf den ersten Blick nach Belieben, unregelmässig, in jeder Richtung zu segeln schienen. Damals begannen wir mit den weiter oben beschriebenen Untersuchungen, um die innere *kinetische* Energie des Windes zu studieren. Diese Untersuchungen haben uns 1919 zu folgenden Sätzen geführt :

1. Der Wind hat in diesen Gebieten fast stets eine Vertikalkompo-

(1) Diese Luftwoge findet man an Backbord oder Steuerbord statt am Heck, wenn der Wind relativ zum Schiffe seitlich weht.

nente; zeichnet man nun eine Karte der Vertikalkomponenten des Windes, gemessen in einer horizontalen Ebene, die in einer gewissen Höhe über dem Boden liegt, so kann man die Existenz *positiver Gebiete* (Aufwindkomponenten) und *negativer Gebiete* (Abwindkomponenten) feststellen, von denen einige ortsfest bleiben (wenn sie Bodenhindernissen ihre Entstehung verdanken, was jedoch nur selten eintritt), die anderen wandern ohne ein erkennbares Gesetz und *bewegen sich* auf Grund von Ursachen, die noch nicht betimmt werden konnten.

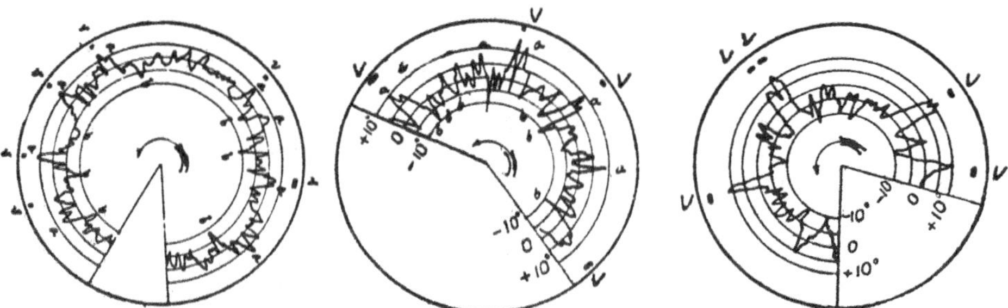

Abb. 28. — Polar-Diagramm des Winkels α. — Die dicken Striche *v* geben an, dass Vögel in diesem Augenblick in unmittelbarer Nähe des Drachen segelten. — Einer vollen Umdrehung der Registrierscheibe entspricht eine Zeit von ungefähr 25 Minuten.

2. Die Stellen, wo die Vögel ohne Flügelschlag und ohne Höhenverlust segeln können, *fallen stets zusammen mit den Gebieten aufsteigender Vertikalkomponenten* (vergl. Abb. 28). In diesen Gebieten halten sie sich und fliegen ihre Kurven oder Zickzackbahnen. Sie bewegen sich mit ihnen fort und gehen von einem zum anderen nur auf geradem Wege über, ohne aufzuhören. Sie können also ohne Gefahr etwas Höhe opfern, denn sie holen sie sich in dem nächsten Aufwindgebiet wieder. Dies gibt zunächst den Eindruck, als segelten sie in unregelmässigem Fluge im Raume.

3. Es hat sich kein Zusammenhang finden lassen zwischen den Unregelmässigkeiten des Windes und dem Segelflug, der auch häufig bei schwachen regelmässigen Winden ausgeführt wurde.

Die Registrierungen der Höhe des Drachens über dem Horizont (Winkel α), die wir im Laufe unserer Reisen im Jahre 1921 erhalten haben, bestätigen sehr gut die Sätze, die wir soeben anführten (vergl. Abb. 28). Man sieht auf diesen Diagrammen (1) sehr deutlich die

(1) Die mit einem sehr spitzen Bleistift erhaltenen Originaldiagramme eignen sich schlecht für das benutzte Reproduktions-Verfahren; dies erklärt die Unvollkommenheit der hier vorliegenden Bilder, jedoch stimmen sie ihrem Wesen nach mit den Originalen überein.

Aufwindgebiete, wie z. B. in aa und die Abwindgebiete, wie in bb. Ein dicker Punkt am Rande des Zeichenkreises bezeichnet die Augenblicke, wo die Vögel in unmittelbarer Nachbarschaft des Drachens segelten, wie in *v v;* man sieht, dass immer, *ohne irgend eine Ausnahme*, sich dabei die Vögel im Bereich aufsteigender Winde befinden.

In den bis hierher untersuchten Fällen ist also die Theorie der aufsteigenden Luftströme für den Segelflug durch unsere Untersuchungen bestätigt worden.

Man hat gegen diese Theorie eingewendet, dass man die Vögel an allen Punkten des Raumes segeln sieht, und dass infolgedessen die Luft überall zur selben Zeit aufsteigen müsste, was ja unmöglich ist. Dies ist jedoch nur der erste Eindruck des imposanten Schauspieles, wenn man wiele Hunderte von Vögeln zu gleicher Zeit vor seinen Augen segeln sieht. Eine aufmerksamere Betrachtung hingegen zeigt, dass die Vögel niemals regelmässig über das Gesichtsfeld verteilt sind. Die *Dichte* der Vögel ändert sich *im Raume* und *mit der Zeit.* Man beo, bachtet in den *Aufwindgebieten* eine *grosse Dichte der Vögel;* in den *Abwindgebieten* sind nur *wenige* und die nur für kurze Zeit, *niemals beschreiben sie Kreise.*

Wir selbst haben diese Beobachtungen mehr als hundert Mal machen können. Ueberall und immer, wenn zahlreiche Vögel in der Luft waren und Kurven flogen, hatte der Wind eine aufsteigende Komponente, selbst dann, was einige Male vorkam, wenn die Horizontalgeschwindigkeit der Luft Null oder fast Null war. Im Gegenteil, da wo die Luft nicht aufstieg, oder gar abstieg, flogen die sehr wenig zahlreichen Vögel nur durch und jedesmal, wenn wir Höhenänderungen beobachten konnten, sahen wir, dass sie Höhe verloren.

Der Kurvenflug ist stets ein Zeichen von Aufwind, was sich ja auch sehr einfach erklären lässt : Der einzige Zweck des Kurvens für den Vogel ist der, in diesem günstigen Gebiet zu bleiben, dann braucht er nur eine genügende Horizontalgeschwindigkeit aufrecht zu erhalten- um überhaupt fliegen zu können.

Wenn der Wind auffrischt, sieht man häufig, dass der Kurvenflug aufhört und an seine Stelle ein Flug in gerader oder gebrochener Linie, ja selbst zuweilen ein Fliegen an Ort und Stelle, tritt.

Sowie ein Vogel von einem Punkte zum anderen gelangen will, richtet er seinen Weg so ein, dass er lange Zeit in den Aufwindgebieten und kurze in den anderen bleibt; wir haben häufig gesehen, dass Vögel mehrere Kreise in einem aufsteigenden Luftstrom zogen, dann im Geradeausflug zum nächsten glitten, immer in gerader Linie fliegend, von den Aufwindströmen Gebrauch machend, denn diese sind oft längs des Windes angeordnet.

Die Vögel müssen gleichsam einen besonderen Sinn besitzen, mit dem sie nicht nur fühlen können, ob sie die Luft « trägt », sondern auch auf welcher Seite sich die « tragende » Zone befindet und wohin sie sich bewegt. Mouillard hat dies schon bemerkt; er sagt, als er von den Aufwindströmen spricht, welche sich manchmal über einer Rennbahn in der Nähe von Kairo bilden :

« Der Vogel kann diese Ströme erraten, es sieht so aus, als habe er eine Vorahnung von den Bewegungen der Luft » (1).

Dieses Phaenomen ist überdies sehr deutlich mit den Apparaten zu erkennen, über die wir verfügten : jedesmal, wenn unser Drachen das Entstehen oder den Durchzug eines gut ausgebildeten Aufwindstromes anzeigte, sah man die Vögel aus der näheren Umgebung (wenn überhaupt welche da waren), sich hierhin zusammendrängen, um sich sofort wieder zu verteilen, wenn das Phænomen nachliess.

Welches Organ mag mit diesem besonderen Sinne für die Bewegungen der Luft zusammenhängen? Man weiss, dass die Vögel in den Lungen und im Gehirn besondere Organe besitzen, die « Luftsäcke ». Die in den Lungen hängen unzweifelhaft mit den Atmungsvorgängen zusammen; aber die im Gehirn scheinen nicht erklärbar : vielleicht spielen sie eine Rolle analog der des Statoscopes, wie man es im Freiballon benutzt; sie geben so dem Vogel ganz schwache Aenderungen der Luftdichte bekannt, und ermöglichen es ihm hierdurch, sich in dem Labyrinth der Luftströme zurechtzufinden. Aber wir können eine derartige Frage nicht entscheiden, sie gehört vielmehr in das Arbeitsgebiet der Biologen.

Die segelfliegerischen Eigenschaften verschiedener Vogelarten.

Der Vogel, der in einem Wind mit aufsteigender Vertikalkomponente schwebt, bewegt sich gegen die Luft wie ein Flugzeug im Gleitflug mit einer bestimmten Sinkgeschwindigkeit, die gerade gleich der Aufstiegsgeschwindigkeit der Luft ist; deshalb muss er so gebaut sein, dass er über den bestmöglichen Gleitwinkel und den geringst möglichen Widerstand verfügt.

Es war also interessant, diese Verhältnisse zu bestimmen zu suchen, was schliesslich darauf hinauskommt, den Auftrieb und Widerstand des Vogels während des Fluges abzuschätzen.

Man kann nun leicht zeigen, dass unter den Bedingungen des Vogelfluges

$$\frac{v_s}{V} = \varepsilon = \frac{W}{A}$$

gilt.

---

(1) MOUILLARD, *Le vol sans battements*, St. 264.

Hierin bedeutet :

v_s die Sinkgeschwindigkeit; sie ist dem Betrage nach gleich der kleinsten Aufwärtsgeschwindigkeit der Luft, die noch gerade zum Schweben (zum Flug ohne Höhenverlust) ausreicht,

v die Geschwindigkeit des Vogels, relativ zur umgebenden Luft,

ε der Gleitwinkel,

$W = C_w \cdot \frac{\gamma}{2g} \cdot F \cdot v^2$ den Widerstand,

$A = C_a \cdot \frac{\gamma}{2g} \cdot F \cdot v^2$ den Auftrieb,

F die tragende Fläche des Vogels.

A ist in dem betrachteten gleichförmigen Fluge gleich dem Gewichte P des Vogels. Man hat also v_s, v, F und P zu bestimmen. P und F erhält man durch Messungen an toten Vögeln.

Die beste Sinkgeschwindigkeit v_s relativ zur umgebenden Luft kann man in folgenden Fällen bestimmen :

1. Wenn der Vogel während der Messung unbeweglich bleibt, so, als ob er in die Luft hineingehängt sei, was öfters über Hindernissen zu beobachten ist; in diesem Falle zeigt man leicht, dass die Neigung des Windes gegen die Horizontale grösser oder gleich dem besten Gleitwinkel des Vogels ist, man hat also eine obere Grenze für diesen Wert.

2. Wenn der Vogel Kurven beschreibt, und dabei in einer Aufwindzone steigt. Man bestimmt seine Steiggeschwindigkeit und die der Luft, die Differenz gibt die Geschwindigkeit, mit der der Vogel gegen die Luft fällt und die wird in diesem Falle ein Minimum sein, weil der Vogel, der Höhe gewinnen will, dies mit dem geringsten Aufwand an Arbeit tun wird.

3. Eine untere Grenze der kleinsten Sinkgeschwindigkeit finden wir in dem Fall, wo der Vogel sich in einer Schicht mit Aufwind in konstanter Höhe hält und dabei von Zeit zu Zeit mit den Flügeln schlagen muss, ein Zeichen dafür, dass der Aufwind zum Tragen nicht ausreicht.

Die Horizontalgeschwindigkeit v des Vogels findet man als Differenz der Windgeschwindigkeit am Orte des Fluges und der Geschwindigkeit des Vogels über Grund.

Die Geschwindigkeit über Grund, die Höhe und die Entfernung des Vogels sowie die Durchmesser der von ihm beschriebenen Kreise wurden durch Winkelmessungen bestimmt, z. T. mittels eines Theodoliten mit Rochon-Fernrohr, z. T. mit Hilfe des Entfernungsmessers (jumelle micrométrique) und manchmal selbst einfach mit Artilleriegläsern, die für Winkel von einigen Graden eine hinreichende Genauigkeit geben (1). Die dabei benutzte Basis für die Bestimmung der Entfernung des Vogels ist seine eigene Spannweite, ein Mass, das sich nur sehr wenig ändert, wie wir sehen werden. Nach den Aufzeichnungen, die wir uns von den Zoologen beschafften, erreichen die Vögel tatsächlich in ganz kurzer Zeit ihre normale Grösse und ihr normales Gewicht. Z. B. erreichen die Seemöven, die 10 Jahre und noch älter werden können, schon am Ende des zweiten oder dritten Monats ihre normale Grösse und die jungen Vögel sind an ihrem Gefieder deutlich erkennbar. Man findet, dass die Spannweite nur wenig von Vogel zu Vogel sich ändert. So ergaben z. B. die Messungen an 31 Exemplaren von blauen Seemöven, die zufällig herausgegriffen wurden, einen Mittelwert der Spannweite von 1.325 m. Der wahrscheinliche Fehler, den man nun macht, wenn man für irgend einen Vogel den Wert 1.325 m als Spannweite annimmt, beträgt, nach der gewöhnlichen Methode berechnet, 5.3 cm, also ungefähr 4 %; der maximale Unterschied, der bei den Messungen beobachtet wurde, betrug — in einem einzigen Falle — 19 cm, d. h. ungefähr 14 %. Man kann also mit einem wahrscheinlichen Fehler von 5 % höchstens und in ganz ausgefallenen Fällen mit einem maximalen Fehler von 15 % rechnen. Der wahrscheinlichste Fehler kann noch auf die Hälfte verringert werden, wenn man bei den Messungen sich nicht auf einen einzigen Vogel beschränkt, sondern zwei nimmt, was verhältnismässig leicht ist, da im allgemeinen die Vögel nicht isoliert herumfliegen.

Es wäre selbstverständlich viel genauer, zur Messung der horizontalen Geschwindigkeit einen Telekinematographen zu benutzen, bei dem die Zeiten zwischen zwei Aufnahmen ganz genau bekannt wären. Aber wegen der Unhandlichkeit und des hohen Preises einer derartigen Apparatur mussten wir darauf verzichten (2), jedoch erhielten wir mit der vorhin geschilderten Methode Messungen von genügender Genauigkeit, vor allem, weil ihre grosse Zahl es ermöglichte, zufällige Fehler auszuschalten.

Wir haben so die folgenden Ergebnisse erhalten :

	Geschwindigkeit gegen Luft	Kleinste Sinkgeschwindigkeit	Gleitwinkel
Milan	$v =$ 7,0 m.	$v_s =$ 0,42 m.	1 : 17
Mönchsgeier	= 8,1 m.	= 0,50 m.	1 : 16
Aasgeier	= 9,2 m.	= 0,55 m.	1 : 17
Roter Geier	= 10,5 m.	= 0,67 m.	1 : 16

(1) Man kann auch in einigen Fällen die Geschwindigkeit des Vogelschattens messen.

(2) Wir werden später sehen, dass wir diese Methode bei den Albatrossen verwandt haben.

Die indirekte Ursache des Segelfluges.

Nach der Rückkehr von unserer ersten Reise ins Senegalgebiet und nach Guinea galt es, den Ursprung dieser Auf-und Abwindzonen zu suchen.

Es erschien uns logisch, ihn in den Dichteunterschieden in der Atmosphäre zu suchen; die Zonen mussten durch Konvektionsströme in der Luft entstehen.

Um diese Frage zu klären, haben wir im Laboratorium eine Reihe von Versuchen über die Konvektionsströme in einer Luftschicht angestellt, die sich relativ zu zwei anderen bewegt, von denen die eine darüberliegende kälter, die andere unter der bewegten Luft liegende wärmer war.

Zu diesem Zwecke erzeugten wir mit einem passend zu regelnden

Abb. 29. — Die Luftströmung zwischen verschieden temperierten Platten. — Die Luft strömt senkrecht zur Zeichen-Ebene. Die Pfeile geben den Drehsinn der Wirbel an.

Ventilator einen horizontalen Luftstrom zwischen zwei metallischen Platten, von denen die untere durch ein passend geheiztes Sandbad auf hohe Temperatur und die obere durch ein Kaltwasserbad auf niedriger gehalten wurde (vergl. Abb. 29).

Unter der Bedingung, dass die Temperaturen auf den beiden Platten jeweils gleichmässig verteilt und der Windstrahl gleichförmig ist, erhält man (indem man die Luftbewegungen z. B. durch dünnen Rauch sichtbar macht) ein System von Wirbeln mit horizontalen Achsen; diese sind gerade und liegen parallel zur Windrichtung des Strahles relativ zu den begrenzenden Schichten (oder parallel zur mittleren relativen Geschwindigkeit in den Fällen, wo die obere und untere Begrenzungsfläche nicht die gleiche Geschwindigkeit und Richtung aufweisen). Die Drehrichtung ist abwechselnd links-und rechtsgängig, wie bei einer Reihe von rotierenden Walzen, die sich gegenseitig antreiben (vergl. Abb. 29).

Wenn die Temperatur auf jeder Platte nicht in allen Punkten die gleiche ist, oder wenn der Strahl ungleichförmig weht (vor allem bei geringen Geschwindigkeiten) wandern die Wirbel und deformieren sich unregelmässig. Dies ist im allgemeinen in den unteren Schichten unserer Atmosphäre der Fall, in der Bodennähe, und das ist nun auch der Grund für die unregelmässigen Aenderungen, die in der Mehrzahl aller Fälle beobachtet wurden.

Es scheint also durchaus möglich, dass wir es in Afrika mit atmosphärischen Konvektionsströmen zu tun hatten, ganz ähnlich denen, die wir im Laboratorium herstellten.

Jedoch wäre dies nur eine Vermutung. Wir stellten uns darum die Aufgabe, von unserer Reise nach Senegal im Jahre 1921 an direkt mit Hilfe des am Anfang dieses Buches beschriebenen Apparates zu untersuchen, ob Unterschiede der Luftdichte (Temperatur oder Druck) das Phaenomen der auf-und absteigenden Luftmassen erklären könnten.

Zu diesem Zweck beobachteten wir gleichzeitig den Gang des Galvanometers, das je nachdem an das Druck-oder Temperaturmessgerät abgeschlossen war, und die Höhenänderungen des Drachen, d. h. den Neigungswinkel der auftreffenden Luft gegen die Horizontale.

Bei den Temperaturänderungen nun beobachtet man nur ganz schwache Galvanometerausschläge, solange der Wind horizontal weht, während die Ausschläge um vieles grösser werden, wenn auf-oder absteigende Luftströme den Drachen passieren. Im besonderen beobachtet man fast stets (in fünf Fällen von sechs) im Augenblick des Durchganges eines Aufwindgebietes, was durch den Anstieg des Drachens angezeigt wird, eine Zunahme der Temperatur einige Sekunden vor dem Drachenanstieg und dann im Augenblick, wo der Drachen fällt, wieder eine Abnahme der Temperatur.

Die Ausnahmen von dieser Regel können entstehen durch Böigkeiten sekundärer Art in der Atmosphäre; in diesen Fällen haben wir auch fast stets, mit einer oder zwei Ausnahmen, starke Temperaturänderungen in der Nähe des Durchzuges der Aufwindzone gefunden.

Als Beispiel bringen wir hier folgenden Auszug aus unserem Beobachtungsbuch :

« 17. März 10 Uhr a.m. — Der Drachen steht unter einem mittleren Höhenwinkel von ungefähr 34°, das Galvanometer zeigt nur geringe Aenderungen zwischen 205 und 209 kleinen Skalenteilen (Millimeter). Kein Vogel in unmittelbarer Nachbarschaft des Drachen.

« Nach einigen Minuten : das Galvanometer steigt in einigen Sekunden bis zum Teilstrich 225 (Temperatur-Anstieg ungefähr 0.9°, jedem Teilstrich entspricht 0.05°). Sogleich darauf steigt der Drachen auf 45°, wo er sich hält bei einem Galvanometerstand von 215 : Segelflug zahlreicher Vögel in unmittelbarer Nachbarschaft des Drachen. Dann fällt das Galvanometer auf 206 Teilstriche. Der Drachen kommt wieder herunter und im gleichen Augenblick entfernen sich die Vögel. »

Wir haben auf Grund von gleichzeitig durchgeführten Ablesungen einen Teil der Beobachtungen vom 16.und 17.März 1931 (vergl. Abb. 30 und 31) in Form von Kurven (1) dargestellt.

Man sieht besonders im zweiten Bild, wie klar das Phænomen der Temperatur-Erhöhung unmittelbar vor der Ankunft der Aufwindwelle auftritt, die ihrerseits häufig von einer Gruppe segelnder Vögel begleitet ist. (*v. v.*)

Es handelt sich also in Afrika wohl um atmosphärische Konvektions-

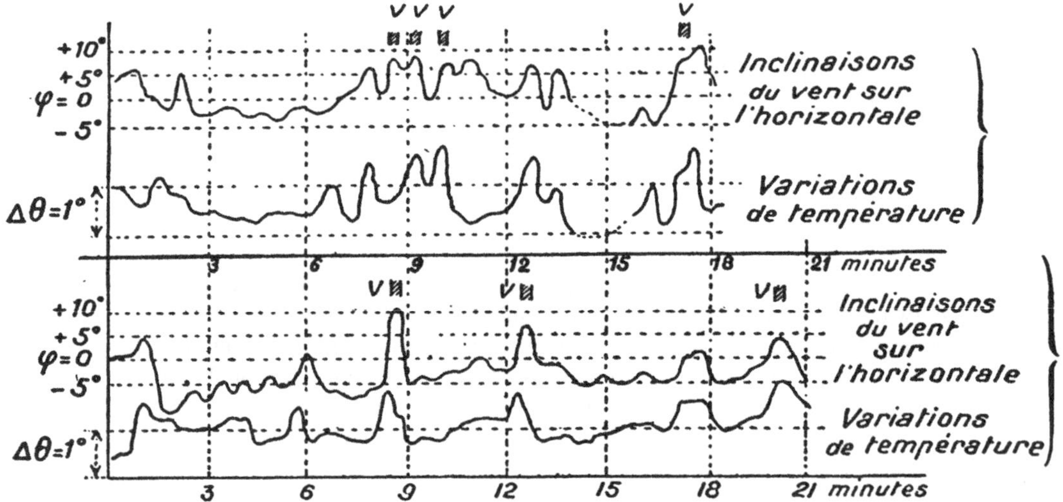

Abb. 30 u. 31. — Diagramme der Neigungswinkel des Windes gegen die Horizontale (Inclinaisons...) und der gleichzeitigen Aenderungen der Temperatur (Variations...) in Abhängigkeit von der Zeit in Minuten. — Die Schraffuren über den Kurven *vv* bedeuten, dass Vögel zu diesem Augenblick in unmittelbarer Nachbarschaft der Apparate fliegen.

ströme, um « Wärmeschläuche », wenn wir einen landläufigen Ausdruck benutzen dürfen (2).

Ferner ist noch zu bemerken, dass wir im Laufe unserer Reise 1921 dreimal am Morgen bei ziemlich starkem mittlerem Winde beobachten konnten, wie die Gebiete aufsteigender Luft, die im allgemeinen unregelmässig verteilt waren, sich in parallelen Streifen in der Windrich-

(1) Es wäre ersichtlich vorzuziehen und viel einfacher gewesen, hätten wir ein registrierendes Galvanometer benutzt. Aber dieser Apparat hat den Nachteil, gleichzeitig zerbrechlich, schwer und unhandlich zu sein, wir mussten daher auf unseren Expeditionen auf ihn verzichten.

(2) Das Phaenomen zeigt sich auch an Tagen, an denen man nicht das Zittern entfernter Gegenstände wahrnimmt, die « heat eddies » von Hankin.

tung anordneten. Sie zeigten sich durch die Vögel, die zu Hunderten segelten, angeordnet in parallelen Banden von zwei bis dreihundert Meter Abstand von einem Ende des Horizontes bis zum anderen(vergl. Abb. 32).

Diese Banden verlagerten sich jedoch unregelmässig, senkrecht zu ihrer allgemeinen Richtung, genau so wie man es im Laboratorium beobachten konnte an den dort erhaltenen Wirbeln, wenn man die Seitenscheiben genügend weit fortzog, bis sich die Wirbel senkrecht zu ihren Achsen bewegen konnten.

Ausserdem wollen wir noch darauf hinweisen, dass, während in den Gebieten aufsteigender Luft die Windrichtung kaum schwankt, in

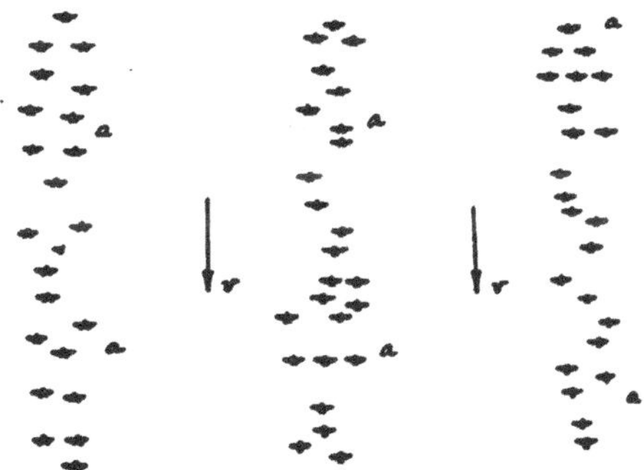

Abb. 32. — Bandenartig angeordnete Vögel im Segelflug *aa* bei der Windrichtung *vv*.

ihrer Nachbarschaft im allgemeinen kleine Aenderungen in der Richtung des Windes auftreten, die in einem Zusammenhang mit der Form der Aufwindgebiete zu stehen scheinen. Wir haben in der Tat mehrfach beobachtet, dass unter der Schicht, in der die Vögel segelten, der Wind zur Konvergenz nach dem Aufwindgebiet neigte, während in und über der Schicht oft Divergenz herrschte : es ist ganz die Art, in der die Pfeile in der Abb. 29 bei den Wirbeln mit horizontaler Achse gezeichnet sind (1).

Stellen wir schliesslich noch fest, dass die Aenderungen der Temperatur beim Durchzug der Aufwindströme in der Grössenordnung 0.5 bis 1.5° C schwanken. Als Mittel von 27 Messungen ergab sich ein Wert von 0.9° (die Vertikalkomponente der zu diesem Mittelwert gehörenden aufsteigenden Luft ist von der Grössenordnung 1 m/sec).

Die Druckänderungen, die wir ja auch untersuchten, wie oben ausein-

(1) Es sei noch bemerkt, dass in dem Bereich der Abwinde die horizontale Windgeschwindigkeit im allgemeinen, wenn auch nicht immer, etwas schwächer als in den benachbarten Gebieten gefunden wurde.

andergesetzt wurde, scheinen bedeutungslos im Vergleich mit denen der Temperatur, sie blieben unter unserer Messgenauigkeit von 1/10 mm Quecksilber. Bezogen auf die gleiche Aenderung der Luftdichte entspricht nämlich einer Temperatur-Aenderung von 1° C eine Aenderung von 3 mm Quecksilber.

Diese Sachlage war vorauszusehen, die Dichteunterschiede der Luft beruhen lediglich auf den beschriebenen Phænomenen : man weiss

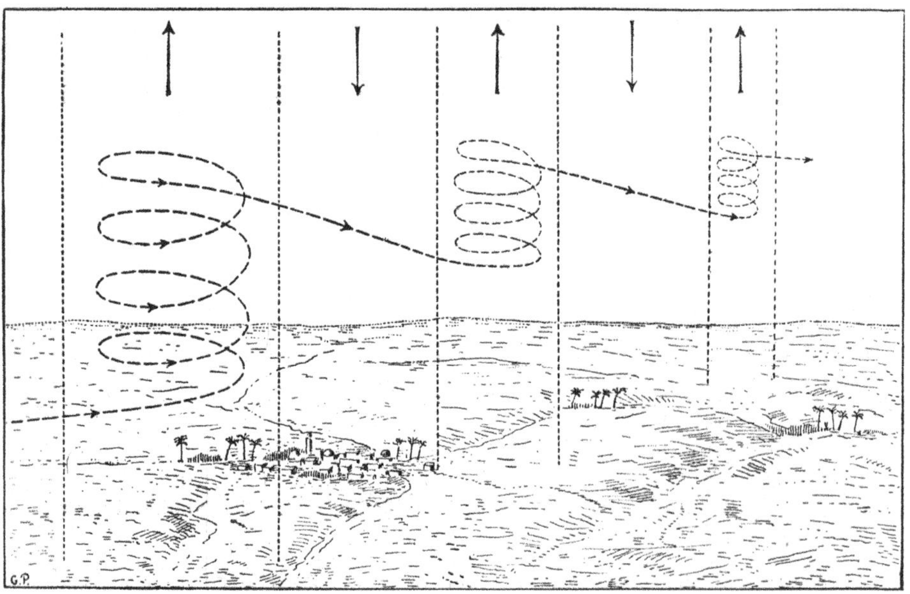

Abb. 33. — **In den Tropen benutzen die Segler die thermischen Aufwinde; durch fortgesetztes Kreisen suchen sie möglichst lange in den Gebieten aufsteigender Luft zu bleiben, und gleiten möglichst rasch durch die Gebiete absteigender Luftbewegungen.**

doch, dass, wenn zwei Luftmassen von verschiedenem Druck und verschiedener Temperatur mit einander in Verbindung gebracht werden, sich das Gleichgewicht im Druck sofort einstellt, während das thermische eine lange Einstellzeit erfordert wegen der schlechten Wärmeleitfähigkeit der Gase.

Es ist darum garnichts Ueberraschendes, dass Temperaturdifferenzen von der Grössenordnung 1° C und selbst weniger Konvektionsströme mit Vertikalgeschwindigkeiten von der Grössenordnung 1 m/sec erzeugen.

Man kann berechnen, dass eine kugelförmige Luftmasse von 20 m Durchmesser, die eine um 1/2° höhere Temperatur als die Luft der Umgebung aufweist, mit einer Geschwindigkeit von ungefähr 1 m/sec aufzusteigen sucht.

Schlussfolgerungen der Untersuchungen dieses ersten Kapitels.

Wir können aus diesen Untersuchungen schliessen, dass in allen bis hierher untersuchten Fällen von Segelflug die Vögel eine aufsteigende Komponente des Windes benutzen. Die eigentliche Energiequelle, von der sie auf dem Umweg über diese Aufwindkomponente Gebrauch

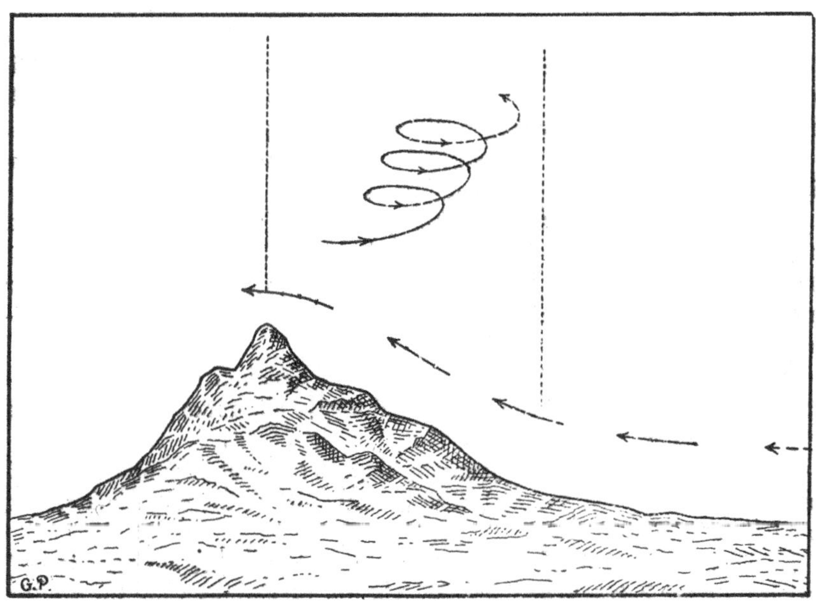

Abb. 34. — Hindernis-Aufwind (Segelflug des Adlers, des Condors).

machen, ist die kinetische Energie der Luft, im Falle der Möven, die längs der Klippen segeln, und der Segler des Gebirges; die thermische Energie der Schiffskessel bei den Möven, die einem Schiffe auf dem Meere folgen (denn diese ist es schliesslich, auf welche die Fortbewegung des Dampfers und damit das Entstehen der Aufwinde zurückzuführen ist), und endlich im bemerkenswertesten Falle, bei den grossen afrikanischen Seglern, ist es die *thermische Energie* der Luft dank der direkten oder indirekten Erwärmung durch die Sonne.

NACHTRAG ZUM ERSTEN KAPITEL

Als Abschluss zu diesen Untersuchungen, welche sich hauptsächlich mit den Seglern der heissen Zonen beschäftigten, möchten wir noch einige Bemerkungen hinzufügen über die Bedingungen des Segelfluges in diesen Gebieten, die wir anlässlich des Segelflugwettbewerbes in Biskra in Nordafrika zu untersuchen hatten.

Wir wollen hier nicht auf die einzelnen Geländestudien eingehen und auf den für Segelflieger nutzbaren Aufwind vor Bodenhindernissen, sondern wollen lediglich die Beobachtungsergebnisse vom Juni 1923 hier zusammenstellen, die sich auf die thermischen Aufwinde der nördlichen Sahara beziehen.

Die Untersuchungen (1) wurden mit den gleichen Mitteln durchgeführt wie die in den Jahren 1919 und 1921, als unser Interesse dem Fluge des Geiers galt.

Die Gebiete von Biskra (Steppe), Tugurt (Sandebene) und El-Oued (grosse Dünen) waren das Ziel unserer Expedition, bei der wir folgende Ergebnisse erhielten.

1. Die gemessenen Aufwindströme (bis zu einer Höhe von 200-300 m) sind im Mittel beträchtlich grösser als die in Guinea und im Sudan beobachteten : waren früher Vertikalgeschwindigkeiten von 2 m/sec sehr selten anzutreffen, so waren sie jetzt in der Sahara ziemlich häufig, wir haben sogar ausnahmsweise Geschwindigkeiten von 3 m/sec und mehr beobachtet.

2. Von den drei genannten Gebieten erschien das mit den grossen Dünen hinsichtlich der Grösse der Vertikalbewegungen am günstigsten; dann folgte Tugurt und schliesslich Biskra. Dieses erschien überdies *a priori* am wenigsten günstig, da die Temperatur-Unterschiede zwischen Tag und Nacht hier kleiner sind als in den beiden anderen.

3. Die Zeit, zu der die grössten Vertikalbewegungen auftreten, liegt um 11 1/2 Uhr Ortszeit, d. h. sie liegt zwischen der Zeit stärkster Temperatur-Aenderung in den bodennahen Schichten (gegen 9 Uhr) und dem Temperatur-Maximum (ungefähr um 15 Uhr). Als Beleg bringen wir in Abb. 35 Registrierungen der Windneigung von 10 h. 30, 11 h. 50 und 14 Uhr aus dem Gebiet von Tugurt.

---

(1) Vergl. P. Idrac, *Conditions d'ascendance du vent favorable au vol à voile*, Mémorial de l'O. N. M., 1923.

4. Aufwinde von mindestens 1 m/sec sind häufig. An einem gegebenen Punkte findet man sie in den günstigen Stunden im Mittel in 20 % der Zeit. Da sich die Aufwindgebiete unregelmässig im Raume und mit der Zeit verlagern, kann man annehmen, dass sich in einem gegebenen Augenblick über 20 % der Wüstenoberfläche in der Höhe unserer Messungen ein Aufwind von 1 m/sec und mehr findet.

Für Vertikalgeschwindigkeiten von 2 m/sec erniedrigen sich diese Zahlen auf 5-10 %, je nachdem wie der gewählte Zeitpunkt zur Stunde des besten Aufwindes liegt.

5. Es konnte kein optisches Phænomen beobachtet werden, das

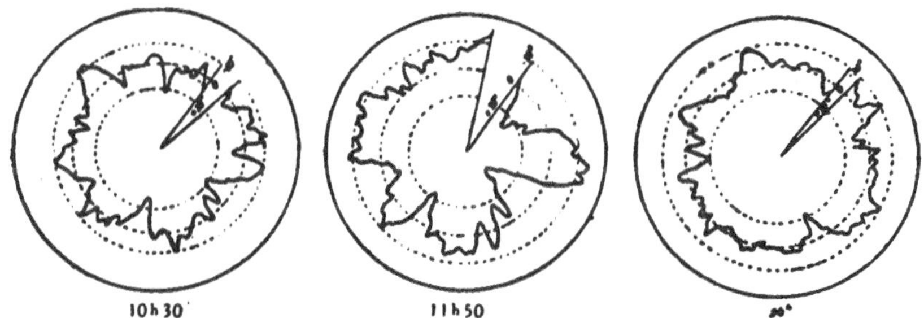

Abb. 35. — Polar-Diagramme des Neigungswinkels des Windes. Die Aenderungen der Radii-Vektoren sind proportional der Windneigung, die Winkel proportional der Zeit. Einer vollen Umdrehung entspricht eine Zeitdauer von 15 Minuten.

die Aufwind-und Abwindgebiete zu unterscheiden gestattet, sie müssen vom Piloten genau wie von den Vögeln « gefühlt » werden.

Das Gelände um Tuggurt oder El-Oued würde sich also theoretisch für den Flug von Segelflugzeugen sehr eignen, deren Sinkgeschwindigkeit so klein ist, dass sie nicht mehr als ungefähr 1 m/sec Aufwind zum Schweben brauchen. Es ist ausserdem noch notwendig, dass die Flugzeuge in Kreisen von 100 m, ohne diese Sinkgeschwindigkeit zu überschreiten, kurven können, um sich in den Aufwindgebieten von mindestens 1 m/sec halten zu können, denn obwohl diese in Richtung des Windes weiter ausgedehnt sind, haben sie kaum eine grössere Ausdehnung senkrecht zum Winde.

Ein schweres Hindernis für diese Flüge liegt darin, dass besonders in der Höhe unterhalb 50 m die Aufwind-und Abwindgebiete Böen erzeugen in einem Ausmass, dass wir zeitweilig Unterschiede von 2 m/sec in der Vertikalgeschwindigkeit auf 2-3 m Entfernung feststellen konnten. Diese Böen, die fast ebenso heftig sind wie die im Lee von Hindernissen bei gleichförmigem Anblaswind, bergen für die Flugzeuge eine sehr grosse Gefahr.

Diese Gefahr der « Luftlöcher » ist sogar so gross, dass vom 1. Mai ab die Luftlinie Algier-Biskra ihren Flugplan dahin zu ändern gezwungen ist, dass ihre Maschinen niemals nach 9 Uhr oder spätestens 9 1/2 Uhr morgens in Biskra landen müssen.

In der Gegend von El-Oued erheben sich die Dünen bis zu einer Höhe von 35 m (1) und können daher als Starttellen für die Flugzeuge Verwendung finden.

All diese verschiedenen Untersuchungen haben uns die bedeutende Rolle gezeigt, welche die aufsteigenden Luftströme im Segelflug spielen. Man kommt fast in die Versuchung zu glauben, dass gar keine andere Art Segelflug existieren könnte.

Dies war auch der Eindruck, den wir bis 1923 hatten, bevor wir Zeuge wurden eines noch viel bedeutenderen als ihn die Geier Afrikas vorführen : ich will vom Albatros reden, der tagelang ohne den geringsten Flügelschlag dahinsegelt. Unglücklicherweise trifft man ihn nur in den grossen, ausgedehnten Weiten und Einsamkeiten der südlichen Ozeane. Ihm sei das zweite Kapitel unserer Schrift gewidmet.

---

(1) Höhere Dünen (von anscheinend 100 m Höhe) findet man 4 bis 5 Tagemärsche südöstlich von El-Oued in El-Erg, dem « Gebiete der grossen Sanddünen ».

ZWEITES KAPITEL

DER SEGELFLUG DER GROSSEN VÖGEL DES MEERES, VOR ALLEM DES ALBATROS

Zu den Vögeln, die im ersten Kapitel noch nicht studiert wurden, gehören einige des hohen Meeres, welche stunden-, ja tagelang sich nach Belieben tummeln, ohne je die Flügel zu rühren. Diese Art Segelflug schien von ganz anderer Art zu sein als die bisher untersuchte, denn es schien unwahrscheinlich, dass hier, weit von den Küsten (wo ja immer einzelne Böen entstehen) entfernt und inmitten der polaren Gebiete sich thermische Ströme analog denen der Tropen bilden. Die Untersuchung erschien schwieriger, weil der Beobachter, da er sich an Bord eines Schiffes natürlich nicht ortsfest aufstellen kann, nur schlecht die verschiedenen kleinen Fluktuationen des Windes feststellen kann.

Schliesslich jedoch befindet sich die Heimat des interessantesten unter ihnen, des Albatros, in diesen weit entfernten Gebieten; dieser Vogel ist tatsächlich von einem besonderen Interesse wegen seiner grossen Spannweite (3.5 m), seines guten seiterverhältnisses (die Flügel haben eine mittlere Tiefe von 20-22 cm) und seiner grossen Flächenbelastung (er wiegt im Mittel 9 kg bei einer tragenden Fläche von 0.60 qm).

Ausserdem war sein Flug der am wenigsten bekannte, ja man kann sagen, er was etwas mysteriös nach den sich widersprechenden Berichten, die bekannt wurden (1). Dies erklärt sich aus der Entlegenheit und dem geringen Besuch der Gebiete, wo man ihn fliegen sieht : man trifft ihn hauptsächlich auf der südlichen Halbkugel unter 40-60° Breite; er nähert sich nur sehr selten den bewohnten Küsten und nistet auf den öden oder fast nicht bewohnten Inseln ausserhalb der Dampferstrassen, wie die Kerguelen-Inseln, Tristan da Cunha, Bouvet, Süd-Georgien, etc.

Benutzt er geheime Aufwinde? Führt er den berühmten dynamischen Segelflug mit Hilfe der Unregelmässigkeiten des Windes aus oder treibt er sonst etwas bis dahin Ungeahntes? Nur die Untersuchung an Ort und Stelle kann den Schleier von diesem Unbekannten heben.

---

(1) Die beste findet man unter den älteren Reisebeschreibungen bei Froude (*Procedings of the Royal Society of Edinburgh*, 1888. Band 15), in der er hauptsäch lich den niedrigen Flug über den Meereswogen beschreibt, von dem auch wir sprechen werden.

Deshalb gingen wir im Jahre 1924, ausgerüstet vom Office National des Recherches et Inventions und unterstützt von der Argentinischen Regierung in die Gewässer um Kap Horn und vor allem nach Süd-Georgien, um den Vogel dort in Musse beobachten zu können.

Diese Insel liegt in einem vollkommen polaren Klima und ist das ganze Jahr hindurch von Eisbergen umgeben. Nur einige Walfischfänger kommen dorthin und ein argentinisches Schiff legt alljährlich einmal hier an.

Trotzdem wollte ich vor der Abreise in diese Gebiete noch eine eingehende Untersuchung anstellen über die Winde auf offenem Meere von einem festeren Standpunkt aus als ihn ein Schiff bietet, der aber doch wieder mitten in dem hohen Ozean lag.

An unseren Küsten entspricht kaum ein zweiter Ort diesen Anforderungen so gut wie der Leuchtturm von la Jument; er liegt vollständig isoliert weit ab von der Insel Ouessant auf einer Art unterseeischer Bergspitze; nur der Turm ragt aus dem Wasser hervor; man kann hier nie mit einem Boot anlegen, und wenn man hinein will, muss man sich an einem Kabel von der Schaluppe durch ein Turmfenster hinziehen lassen. Aber wenn auch der Leuchtturm nur schwer zugänglich ist, so hat man hier doch ganz und gar die Bedingungen für die Windströmung des freien Ozeans über der Dünung, mit der der Ozean ohne Unterlass den Fuss des Turmes umspült.

ERSTER TEIL

BERICHT ÜBER DIE BEOBACHTUNGEN AM LEUCHTTURM VON LA JUMENT. ÜBER DEN WIND DES FREIEN OZEANS

Zunächst wurden im Windkanal an einem Modell des Leuchtturmes ungefähr die Gebiete abgegrenzt, in denen der Wind durch den Turm selbst am stärksten gestört war. Entsprechend wurden dann die Beobachtungsinstrumente genügend weit ab in dem ungestörten Gebiete angebracht, teils an einem beweglichen Mast von 12 m Länge, teils an einem Seil, das die Spitze des Turmes mit einer verankerten Tonne in 200 m Abstand verband.

Als Apparate dienten zur Bestimmung der Geschwindigkeitsänderungen Venturi-Rohre, die an Registriermanometer (1) angeschlos-

(1) Und Differentialmanometer, wenn es sich um Vergleich des Windes zwischen zwei Punkten handelte.

sen waren und zur Bestimmung der Neigungs-und Richtungsänderungen des Windes Constantan-Windfahnen mit elektrischer Uebertragung und besondere Fähnchen, die entweder mittels Fernrohr oder Kinokamera beobachtet wurden.

Die letztere Methode hat den Vorteil, dass sie grösste Einfachheit mit grösster Genauigkeit verbindet. Man braucht als Instrumententräger lediglich eine einfache Schnur, die die Luftströmung nicht stört und die fast nichts kostet.

Die Vorbereitungen waren systematisch im Laboratorium durchgeführt worden. Wir hatten dabei Fähnchen erhalten, die bei Windgeschwindigkeiten über 7 m/sec bis auf Bruchteile eines Grades die Rich-

Abb. 36. — Der Leuchtturm von La Jument auf Ouessant.

tung des Windes annahmen, mit anderen Worten, die Gewichtskorrektion wurde vernachlässigbar klein. Da die Trägheit sehr gering war, ist diese Apparatur die empfindlichste für Neigungsänderungen von kurzer Dauer, Grössenordnung 1/100 Sekunde, wie wir im Laboratorium an künstlichen Wirbeln von sehr kurzer Dauer nachweisen konnten.

Die Temperaturänderungen der Luft wurden mit 1/40° Genauigkeit und ohne irgend welche bemerkbare Trägheit gemessen mit Hilfe einer sehr dünnen Platindrahtspirale, die einen Arm einer Wheatstone'schen Brücke aus Constantan bildete und deren Widerstandsänderungen durch das Spezialgalvanometer bestimmt wurden, mit dem wir in Afrika den thermischen Ursprung des von den Geiern benutzten Aufwindes darlegen konnten.

Schliesslich wurde noch die Dünung mit Hilfe eines Visieres gemessen, mit dem man die Höhenänderung einer 150 m seitwärts verankerten Boje verfolgen und auf einem Zylinder registrieren konnte.

Diese Untersuchungen habe ich auf dem Leuchtturm von La Jument

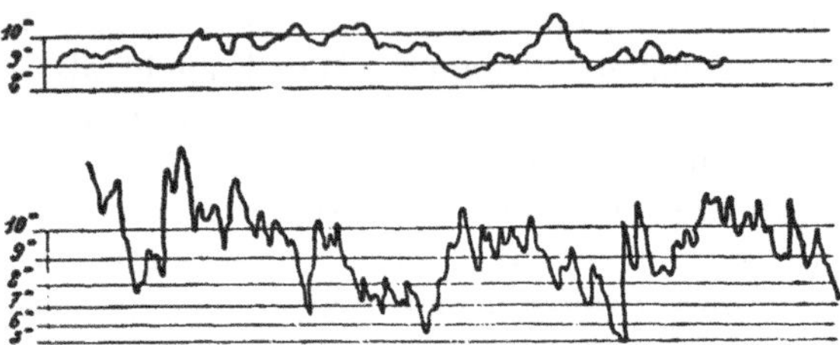

Abb. 37. — Typische Diagramme der Windgeschwindigkeiten : oben von La Jument, unten vom Aerotechnischen Institut von Saint-Cyr.

Abb. 38. — Ausnutzung des Aufwindes längs der Wellen, auf deren Luvseite sich die Vögel so lange als möglich halten.

in der Zeit vom 7. September bis 14. Oktober 1923 durchgeführt und bin dabei zu folgenden ersten Ergebnissen gekommen :

In einigen 30 Metern Höhe hat der Wind, der über dem Meere auf mehrere Tausend Kilometer Entfernung durch keine Hindernisse gestört wurde, eine viel regelmässigere Struktur als der Wind über Land, der unter den gleichen Bedingungen untersucht wurde.

In Bezug auf die einzelnen Tage und Richtungen waren die Winde mehr oder weniger gleichmässig, wenn man aber das Mittel über eine genügend grosse Anzahl von Diagrammen nimmt, so findet man, dass unter sonst gleichen Bedingungen und mit den gleichen Instrumenten gemessen während unseres Aufenthaltes auf La Jument die mittlere Aenderung der Windgeschwindigkeit pro Sekunde viermal geringer war als normalerweise in der gleichen Höhe am Aerotechnischen Institut auf der Hochfläche von Saint-Cyr. Die Diagramme der Abb. 37, die alle beide unter mittleren Verhältnissen gewonnen wurden, zeigen den Vergleich zwischen den beiden Fällen (1).

Die Aufwinde von einiger Bedeutung, die wir hier finden, entstehen durch einen Reaktions-Effekt der Dünung auf den Wind; sie werden umso stärker, je grösser die Geschwindigkeitsunterschiede zwischen Wind und Dünung werden, denn die Wogen spielen im ganzen genommen die Rolle der natürlichen Hindernisse beim Landwind, wo ja auch die Aufwindkomponente umso kräftiger wird, je stärker der Wind relativ zum Hindernis weht.

Man sieht häufig, dass die Vögel sie ausnutzen, indem sie sie im tragenden Aufwindgebiete der Wogen begleiten.

Aber dieses Aufwindgebiet ist nach oben sehr beschränkt, die Vögel halten sich so dicht über den Wellen, dass sie sie zu berühren scheinen, wenn sie mit ihnen ziehen (vergl. Abb. 38).

Mit einem Wort, die auf La Jument gemachten Erfahrungen schienen die Hypothese sehr wenig zu begünstigen, nach der der Albatros im dynamischen Segelflug die ganz kurzen momentanen Schwankungen der Windgeschwindigkeit ausnutzt; und noch weniger die der Aufwindströme, ausgenommen den sehr seltenen Fall, den wir oben beschrieben, wo die Vögel die Wellen auf dem Luvhang begleiten, an dem ein Aufwind herrscht.

Das Problem blieb also noch ungelöst, und unter diesen Verhältnissen schifften wir uns im Auftrage des Office National des Inventions im Jahre 1924 nach den Ozeanen der südlichen Halbkugel ein, um Albatrosse zu suchen.

---

(1) Dieses Ergebnis wurde von Magnan, Huguenard und Planiol mit ihren bemerkenswerten Hitzdrahtanemometern wiedergefunden.

ZWEITER TEIL

DIE UNTERSUCHUNG DES ALBATROS UND DER ANDEREN SEGLER DER OFFENEN SEE

Der Albatros wurde, wie wir schon oben berichteten, während des Nordwinters (Südsommer) 1923-24 beobachtet zunächst an Bord des « Guardia National » der argentinischen Marine, dann später an Bord eines norwegischen Walfischfängers, der in den Gewässern um Süd-Georgien kreuzte.

Ich konnte dort nicht nur den grossen Albatros sondern auch andere Vögel beobachten, die in der gleichen Art und Weise flogen, wie einige Sturmschwalben, Pelicanoide, etc.

Es gibt zwei Arten von Segelflug, den diese Vögel zeitweilig ausführen, und die wir der Reihe nach in den folgenden Ausführungen zur Sprache bringen werden. Zunächst den Fall des Aufwindes, der durch die Fortbewegung des Schiffes entsteht : hinter dem Schiffe, oder richtiger auf seiner Leeseite, bildet sich eine Woge aufsteigender Luft, welche von den Vögeln oft ausgenutzt wird, und wer auch nur etwas zur See gefahren ist, wird die Möven gesehen haben, die manchmal tagelang so den Schiffen folgen. Sie nutzen dabei eine Säule aufsteigender Luft aus, die durch das Wiederzusammenfliessen zweier durch den Schiffsrumpf getrennter Luftmassen entsteht (der Ursprung der Staubwolken hinter einem Automobil ist der gleiche).

Die Eingeborenen der Elfenbeinküste machen sich ein analoges Phænomen auf dem Wasser sehr geschickt zu Nutze. Mit ihren kleinen Booten folgen sie manchmal stundenlang dem Küstendampfer (vergl. Abb. 27). Zu diesem Zweck bemühen sie sich zunächst, wie schon oben gesagt wurde, durch Rudern ihrem kleinen Kahn die Geschwindigkeit des Dampfers zu geben, und setzen sich dann auf den Vorderteil einer Woge des Wellenzuges, der dem Kielwasser des Dampfers folgt. Dann brauchen sie nur noch zu steuern, sie befinden sich nämlich auf einer geneigten Flüssigkeitsebene, die dem Dampfer folgt, so dass sie ohne Anstrengung Geschwindigkeiten von 7-8 Knoten erreichen.

Genau so hängen sich die Vögel in den aufsteigenden Luftstrom der Luftwoge, die dem Dampfer folgt.

An zweiter Stelle den Fall, in dem die Vögel in Höhe der Wellen segeln, wenn die Wellen und der Wind voneinander sehr verschiedene

Geschwindigkeiten haben : dann entstehen hier tatsächlich, wie es unsere Untersuchungen am Fusse des Leuchtturmes von La Jument gezeigt haben, örtliche Aufwinde, die zum Schweben ausreichen. Die

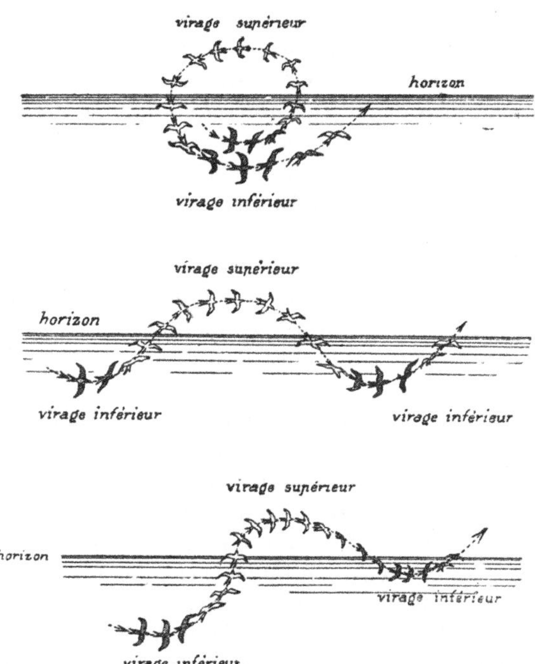

Abb. 39. — Verschiedene Flugbahntypen des Albatros, die sich periodisch wiederholen, in perspektivischer Darstellung. Der Wind kommt vom Horizont (horizon) auf den Beobachter zu : die weissen Flügel sind von oben, die schraffierten von unten gesehen (virage supérieur = obere Kurve, virage inférieur = untere Kurve).

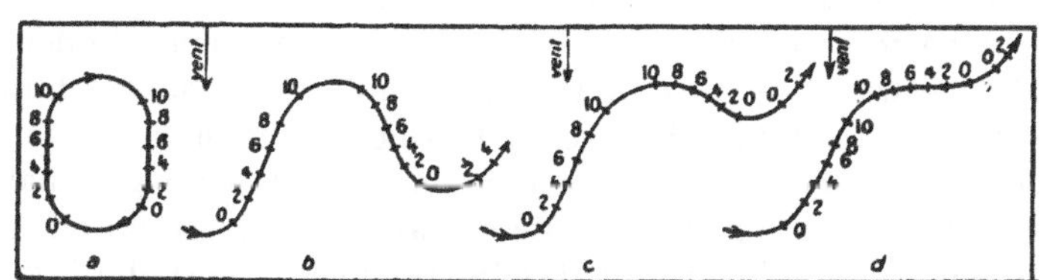

Abb. 40. — Grundriss von Flugbahntypen des Albatros; die beigeschriebenen Zahlen bedeuten die Höhe in m über den Wellenkämmen, die der Vogel über dem betreffenden Punkte hat. Die Pfeile (vent) geben die Windrichtung.

Vögel fliegen also sehr niedrig und steuern so, dass sie möglichst lange auf der tragenden Seite der Welle und möglichst kurze Zeit auf der anderen sich aufhalten.

Aber auch ausser diesen beiden Fällen, fern von den böigen Störungen des Schiffes und selbst dann, wenn die Geschwindigkeitsunterschiede zwischen Wind und Welle sehr klein sind, segeln die Albatrosse, vorausgesetzt, dass überhaupt ein genügend starker Wind weht. Die dabei von ihnen benutzte Methode ist nun eine vollkommen andere : *Man sieht sie zuerst die Wasserfläche fast berühren, mit Vorliebe zwischen zwei Wellen oder auf der Leeseite, wobei sie eine Kurve fliegen; sobald sie hierbei gegen den Wind gedreht sind, steigen sie in einer fast geraden Linie* 10 *bis* 15 *m an. Dann machen sie nach rechts oder links eine neue Kurve, der ein Abstieg mit Rücken-oder Seitenwind folgt, welcher sie wieder auf die Oberfläche des Wassers zurückführt, wo sie von neuem ihr Spiel beginnen und so fort ohne Ende.*

Sie beschreiben also einen sinusförmigen Weg, der sich aus *einer Reihe von Kurven, unterbrochen von Auf-und Abstiegen, zusammensetzt.*

Die hierher gehörenden Abbildungen 39 und 40, die eine in rechtwinkliger, die andere in perspektivischer Projektion, sollen einen Eindruck der Flugbahnen vermitteln.

Die Vögel benutzen die eine oder andere dieser Bahnen, je nach der Richtung, in der sie fliegen wollen. Die Kurven sind im allgemeinen *sehr steil.* Wir haben auf den Platten die Neigungen der Flügelebene ausgemessen und dabei Werte bis 66° erhalten. Man kann damit rechnen, dass die Flügel im Mittel um 55° geneigt sind.

Der Segelflug beginnt, wie man findet, bei einer Windgeschwindigkeit von 4.5 — 5 m/sec in den untersten Luftschichten, in denen der Vogel seine tiefen Kurven fliegt (Man kann diesen Wind genügend genau mit Hilfe von Rauch messen, wenn der Wind von achtern weht, man braucht nur die Geschwindigkeitsdifferenz zu bestimmen zwischen dem Wind und dem Schiffe, das seinerseits mit rund 10 Knoten, also etwa 5 m/sec fuhr).

Die Höhe, bis zu der die Vögel aufstiegen längs einer Flugbahn von gegebenem Typ, ist grösser bei starkem als bei schwächerem Wind. Für die Albatrosse betrug sie im Mittel bei schwachen Winden 8 m, bei starkem etwa 15 m. Um die Höhen zu bestimmen, hatte ich mehrere Fernmessgeräte, doppeltbrechende Prismen, Rochongläser etc., mitgenommen, aber bei der geringen Höhe, bis zu der sie stiegen, habe ich das allereinfachste und genaueste Messgerät benutzt, das darin bestand, dass ich den hinteren Mast hinaufkletterte und von dort die Maximalhöhe mit dem Horizont verglich. Wenn dann nämlich der Vogel die Kimm erreicht, so ist seine Höhe gleich der des Beobachters. Ich konnte auf dem Schiff bis zu einer Höhe von 24 m über der Wasserlinie aufsteigen. Die grösste Höhe, die überhaupt, und dies nur ganz ausnahmsweise, beobachtet wurde, beträgt 21 m.

Die Neigung der Flugbahnen ist im Anstieg geringer als im Abstieg. Die Geschwindigkeit wurde mit Hilfe eines automatischen Kinematographen (Fabrikat Mestre) vermessen, der sehr genau von der Société d'information documentaire par films geprüft worden war. Der Apparat lieferte 17 Bilder in der Sekunde. Nachdem die Höhe des Aufnehmenden und die Windgeschwindigkeit notiert worden waren, wurde einfach gefilmt und dann später die Aufnahmen ausgemessen. Ich fand so, dass sich die Fluggeschwindigkeit des Albatros zwischen 14 bis 28 m/sec ändern kann. Sie beträgt im Mittel in der unteren Kurve 24, in der oberen 19 m/sec. Für den grossen Albatros betrug das Gesamtmittel 22 m/sec und für den Melanophris 20 m/sec.

Abb. 41. — Telekinematographien des fliegenden Albatros.

Bei dem Versuch zur Erklärung dieses Fluges und seiner Manöver ist der erste Gedanke, der sich einem bietet, der, dass sie die Unregelmässigkeiten des Windes oder Aufwindströme ausnutzen, die in Verbindung mit den verschiedenen Phasen des Fluges stehen. Man muss dazu noch bemerken, dass das soeben beschriebene Flugbild sich mit einer fast konstanten Periode wiederholt, welche nur von der Art der Bahn (und zwar ist sie bei d kürzer als bei c, dort kürzer als bei b und bei a am kürzesten, vergl. Abb. 40) abhängt, und zwar so, dass sie für eine vorgegebene Bahn und eine vorgegebene Sorte Vögel nur sehr wenig variiert. Als Beispiel entnehme ich meinem Beobachtungsbuch die folgenden Zahlen :

Albatros Exulans (Flugbahn b)		Melanophris (Flugbahn b + c)		Sturm-Schwalbe (Flugbahn a)		Pelicanoides (Flugbahn b + c)	
Anzahl d. Kreise	Zeit in sec.	Anzahl d. Kreise	Zeit in sec.	Anzahl d. Kreise	Zeit in sec.	Anzahl d. Kreise	Zeit in sec.
—	—	—	—	—	—	—	—
11	120	5	33	6	37	5	24
11	122	3	21	6	62	5	29
11	118	4	28	6	54	6	33
20	217	3	25			4	20
5	48	5	50				
10	110	5	36				
5	51	5	38				
6	59						
10	108						
6	63						
Mittlere Periode : 10.7 sec.		7.3 sec.		9.6 sec.		5.2 sec.	

Oft wurden gleichzeitig Vögel verschiedenster Art im Segelflug beobachtet. Wenn also periodische Schwankungen des Windes mit den einzelnen Phasen ihres Fluges in Zusammenhang stehen sollen, müsste man gleichzeitig im natürlichen Winde periodische Schwankungen der Geschwindigkeit oder der Neigung finden, die mit den soeben beschriebenen übereinstimmen. Diese Perioden müssten ferner tagelang konstant bleiben bei Winden aus wechselnder Himmelsrichtung, mit wechselnder Geschwindigkeit über einer Dünung mit wechselnden Wellenlängen. Ausserdem müssten die Amplituden der Schwingungen von einer Grösse sein, die das Tragen der Luft bis zur Gipfelhöhe des Vogels erklärt. Nun, es macht nicht den Eindruck, als ob diese schon a priori wenig wahrscheinliche Tatsache, durch das Vorgegangene bewiesen worden wäre. Ausserdem, selbst wenn man dies annehmen wollte, so hätten doch Vögel, die dicht bei einander flogen, gleichzeitig auf-und absteigen müssen. Aber ich hatte gar manches Mal Gelegenheit zu sehen, wie ganz benachbarte Vögel ihre Kurven ohne Uebereinstimmung flogen.

Um mich nun an Ort und Stelle über das zu unterrichten, was da vorging, habe ich einige Meter über der Kommandobrücke ein Venturirohr, das an ein registrierendes Manometer angeschlossen wurde, angebracht. Hier nun die erhaltenen Registrierungen von Fällen, wo die Entfernung des Vogels im Augenblick seines Anstieges gemessen werden konnte. (Ich habe Vögel gewählt, die sich annähernd in der Richtung befanden, aus der der Wind relativ zum Aufnahmeapparat kam, so dass dieser die Schwankungen erfasste, die den Vogel passiert hatten) (vergl. Abb. 42.) Man sieht auf dieser Kurve im Augenblick, wo die vom Vogel passierte Luftmasse ankommt, keine deutliche Aenderung im Auffrischen oder Abflauen des Windes gleichzeitig mit dem Anstieg des Vogels, dessen Dauer ungefähr 2 Sekunden beträgt.

Die Untersuchung der Vertikalbewegungen wurde mit Hilfe von Rauch durchgeführt, der in Rauchpatronen auf Schwimmern, die man vom Schiff aus ins Wasser liess, erzeugt wurde. Dies ist so ziemlich die einzige Methode, den Aufwind zu messen, wenn der Beobachter selbst mehr oder weniger ungeordneten Vertikalbewegungen unterworfen ist, die man nur roh mit einem Beschleunigungsmesser abschätzen kann.

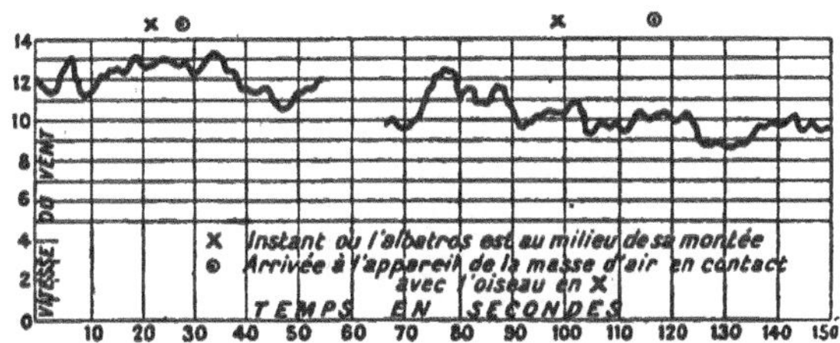

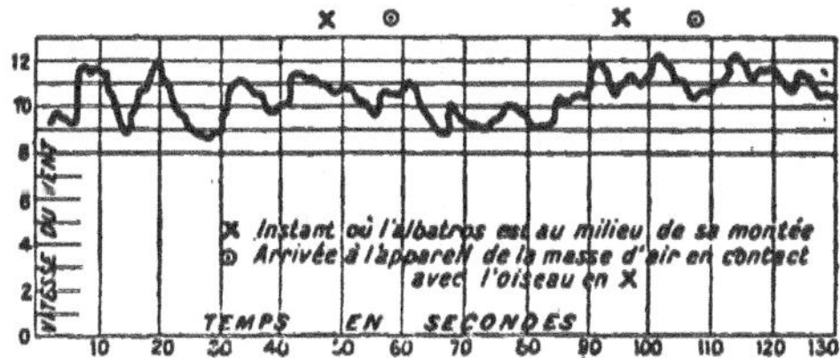

Abb. 42. — Registrierungen der Windgeschwindigkeit (vitesse...) im Gebiet des Albatrosfluges in Abhängigkeit von der Zeit in Sekunden (temps).
X = Zeitpunkt, in dem der Albatros mitten im Aufstieg ist; *o* = Zeitpunkt, in dem die Luftmasse am Registrierapparat ankommt, die zur Zeit X an der Stelle des Albatrosfluges war.

Man muss dafür sorgen, dass man nur dann Messungen macht, wenn der Wind relativ zum Schiffkurs von hinten kommt, damit der ausgesetzte Schwimmer auf dem Meere sich nach kurzer Zeit ausserhalb der gestörten Zone befindet (vergl. Abb. 43).

Man stellt dann fest, dass sich bis zu einigen Metern auf und absteigende Böen von überdies ziemlich schwacher Amplitude bilden; aber die Albatrosse fliegen durch sie hindurch, ohne sich darum zu kümmern, und zwar sowohl durch die aufsteigenden als auch durch die absteigenden Wirbel. Ausserdem suchen sie bei ihrer unteren Kurve gerade nicht die Seite der Welle auf, an der Aufwind herrscht, sondern die, an der der Wind am schwächsten ist. Wenn die Woge von kurzer

Wellenlänge ist, dann ist ihre Geschwindigkeit kleiner als die des Windes und das Experiment zeigt, dass dann der Wind an der Leeseite schwächer als an der Luvseite ist, an der sich der Aufwind vorfindet. Gerade in diesem Falle nun, besonders wenn die Hänge der Wogen stark geneigt sind, sucht der Vogel die Leeseite auf. Er geht also bei seiner unteren Kurve in ein Gebiet, wo der Wind schwach ist und nicht in den Aufwind (Vergl. Abb. 44).

Endlich kann man auch nicht irgend einen Einfluss der Dünung auf den Wind zur Erklärung heranziehen, denn der Albatros kann seinen

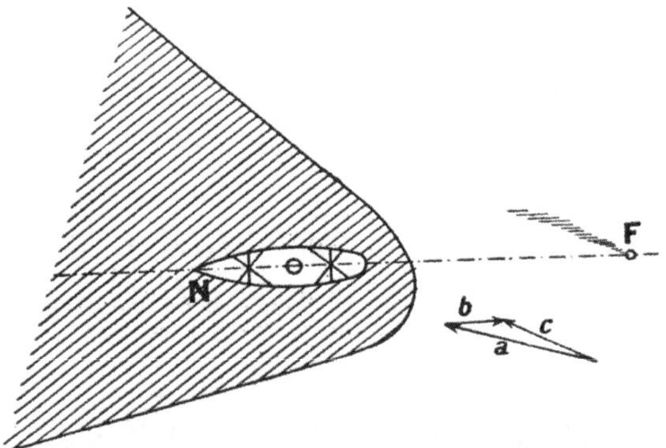

Abb. 43. — Schematische Darstellung der Windgeschwindigkeitsmessung mit Hilfe von Rauch.

Die durch das Schiff N gestörte Luftschicht (schraffiert), ausserhalb der der Rauch entwickelt wurde F.

a absolute Windgeschwindigkeit, *b* Fahrgeschwindigkeit des Schiffes (der Pfeil muss um 180° gedreht werden), *c* der Wind relativ zum Schiff.

Flug auch über einem glatten Wasser durchführen, das nur kleine Wellen von 0.25 m Höhe aufweist, wie ich in einer Bucht von Feuerland feststellte; in dieser selben Bucht konnte ich dafür in nächster Nachbarschaft der Vögel eine bedeutende Windzunahme mit der Höhe feststellen. Diese Zunahme ist um vieles grösser als man a priori annehmen konnte, denn zwischen 0.50 und 20 m Höhe über den Kämmen der Wellen steigt die Windgeschwindigkeit im Mittel (das hängt viel vom Zustand des Meeres ab) auf den doppelten Wert; der Unterschied kann also für den Vogel, der bei seiner unteren Kurve zwischen den Wellen fliegt, noch grösser werden. Die Abbildung 46 zeigt eine Kurve, die aus einer grossen Anzahl von Messungen, die ich durchgeführt habe, entstanden ist : sie zeigt das Gesetz der mittleren Windzunahme mit der Höhe über einem Meer von mittlerem Unruhezustand nach den Beobachtungen im Süden. (Die punktierte Linie erhielten unabhängig davon Magnan, Huguenard und Planiol unter ähnlichen Umständen).

Die Zunahme des Windes mit der Höhe ist zweifellos eine Folge seiner Reibung an den Wellen, was ihn an der Wasseroberfläche verzögert. Der Vogel fliegt also hinauf und herunter, um in den Bereich genügend grosser Geschwindigkeitsunterschiede zu kommen, die ihn tragen; er würde sie nicht finden, wenn er in konstanter Höhe bliebe. Dass die Windzunahme nur in den untersten 20 m so stark ist,

Abb. 44. — Der Vogel in der unteren Kurve.

Die punktierte Kurve gibt die Aenderung der Windgeschwindigkeit in verschiedenen Punkten oberhalb der Woge; man sieht den Vogel in dem Gebiet, wo der Wind am schwächsten ist.

Abb. 45. — Messapparate.

Links ein Schwimmer mit einer Rauchpatrone; rechts ein Venturirohr mit Windfahne und Registriermanometer.

erklärt, warum man die Vögel nicht grössere Höhen gewinnen sieht. Man kann sogar durch die Rechnung zeigen, dass es für einen Vogel möglich ist, die Aenderungen der Windgeschwindigkeiten auszunutzen, wenn er sich gegen den Wind stellt, sobald dieser auffrischt und mit Rücken-oder Seitenwind fliegt, sobald der Wind abflaut. Sein Flug hat dann zum Ziel, künstlich regelmässige Böen zu schaffen, indem er sich beim Anstieg gegen den Wind stellt (*also gegen den auffrischenden Wind*) und mit Rücken-oder Seitenwind fliegt im Abstieg (*also mit dem abflauenden Wind*).

Der physikalische Tatbestand, ist folgender : wenn die Windgeschwindigkeit wächst, so erfährt aus diesem Geschwindigkeits-Zuwachs *ein gegen den Wind fliegendes Flugzeug einen* Energie-Zuwachs. *Wenn das Flugzeug mit Rückenwind fliegt, so tritt derselbe Effekt ein, wenn der Wind abflaut, denn auch hierbei erhöht sich die Geschwindigkeit des Flugzeuges gegen die Luft.*

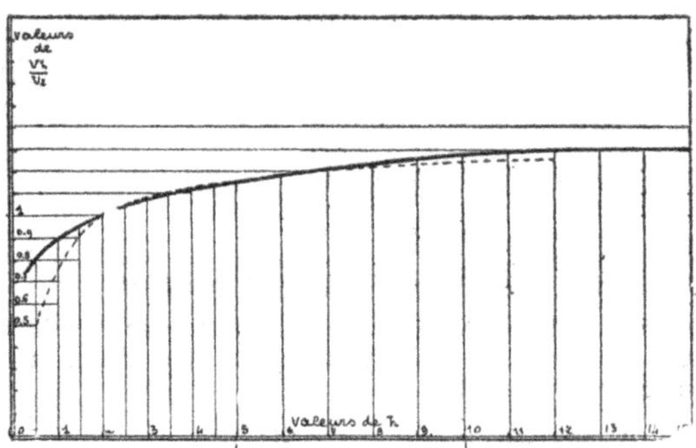

Abb. 46. — Diagramm des Verhältnisses $\frac{v_h}{v_s}$ in Abhängigkeit von der Höhe h über der Wasserfläche.

Man muss noch zeigen, indem man von den durch die Beobachtungen gefundenen Zahlen ausgeht, dass die gefundene Zunahme des Windes mit der Höhe ausreicht, um das Segeln zu erklären.

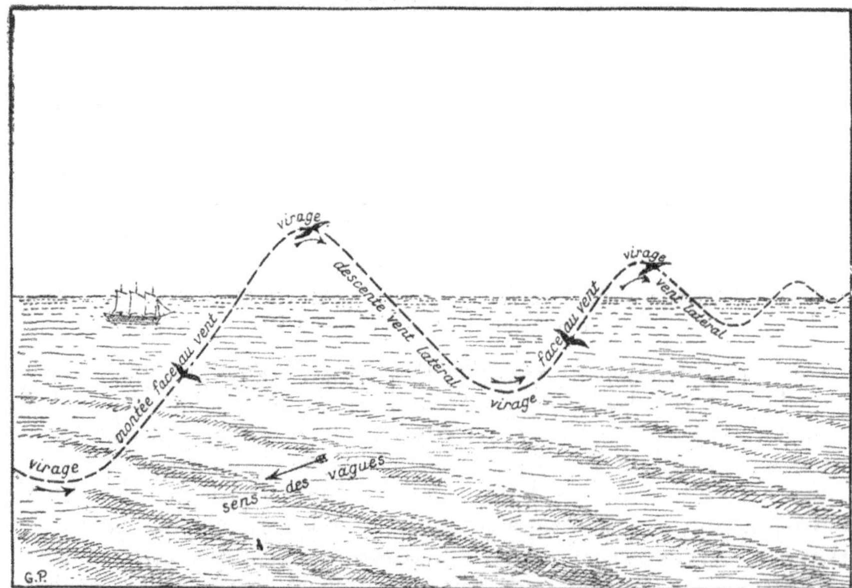

Abb. 47. — Der Segelflug über dem Meere.
Ausnutzung der Windgeschwindigkeitsänderungen mit der Höhe durch eine Reihe von Kurven (virages), Anstiege gegen den Wind (montée...) und Abstiege mit Seitenwind (descente...). Der Pfeil gibt die Richtung der Dünung und des Windes (Flug des Albatros, des Sturmvogels).

Wir wollen dazu zunächst einen vereinfachten Fall annehmen : wir denken uns den Vogel plötzlich aus einer Schicht mit der Windgeschwindigkeit V m/sec in eine andere mit V + 6 m/sec eintreten, um die Gedanken festzulegen.

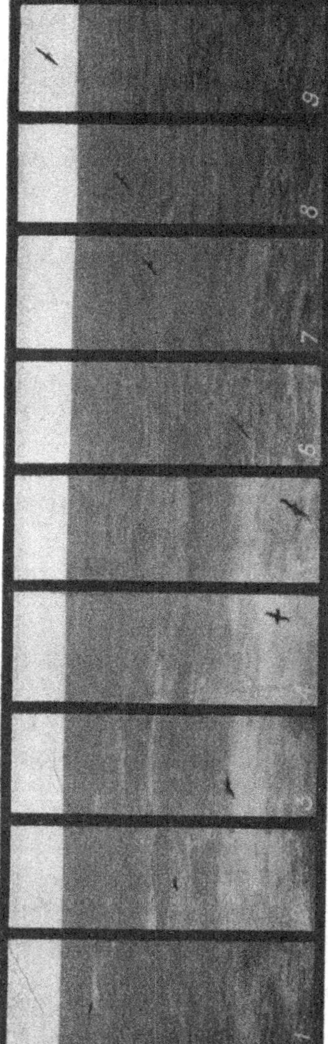

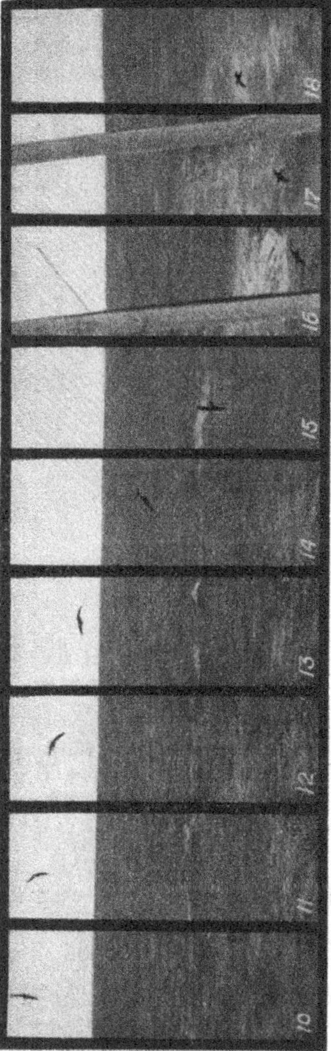

ABB. 48. — Flug der Sturmschwalbe (nach den Filmen von P. Idrac).

Wenn wir nun einen Vogel nehmen mit einem Gleitwinkel 1 : 20 (innerhalb der Grenzen seiner normalen Fluggeschwindigkeit), so weiss man, dass, wenn der Vogel sich in einer *horizontalen Ebene* bewegen wollte, er dabei an Geschwindigkeit wegen des Luftwiderstandes den Wert $\frac{g}{20}$ verliert = 0.5 m/sec (1).

Am Ende der zehnten Sekunde, der Dauer einer vollen Flugfigur, wird er also 10 × 0.5 m = 5 m/sec an Geschwindigkeit verloren haben. Wir wollen jetzt sehen, ob das Kurvenfliegen ihm gestattet, diesen Verlust wieder vollauf auszugleichen.

Vor dem Eintritt in die stärker bewegte Schicht habe der Vogel

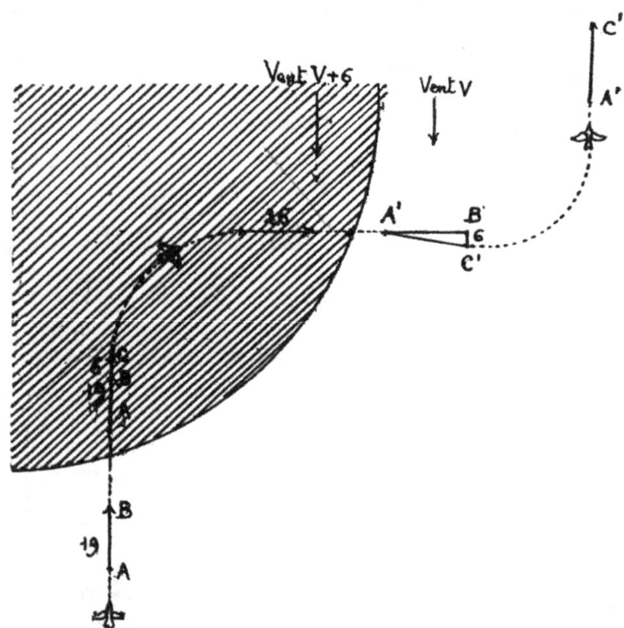

Abb. 49. — Vereinfachte fiktive Flugbahn eines Albatros. Im schraffierten Gebiet herrschte ein Wind (vent) von V + 6 m/sec, im anderen nur ein solcher von V m/sec.

z. B. eine Geschwindigkeit AB von 19 m/sec (vergl. Abb. 49). Die plötzliche Steigerung der Windgeschwindigkeit gibt ihm einen plötzlichen Zuwachs zu seiner Geschwindigkeit relativ zur Luft, dies gibt 19 + 6 = 25 m/sec (AC).

In diesem Augenblick wende er um z. B. 90°. Seine relative Fluggeschwindigkeit bleibt weiter 25 m/sec ohne Berücksichtigung des Verlustes von 0.5 m/sec (die wir erst am Schlusse abziehen).

(1) Nach der Formel $\frac{dV}{dt} = \frac{g}{\text{Gleitwinkel}}$.

Er kehrt nun plötzlich wieder in die erste Luftschicht zurück. Seine Relativgeschwindigkeit erhält man durch Addition des Vektors A B mit dem Vektor — 6 (B'C'), der entgegengesetzt gleich dem ersten Vektor + 6 ist, entsprechend der Aenderung der Windgeschwindigkeit.

Bei dieser Addition findet man eine Resultante A'C' von 25.7 m/sec und nach einem Zurückdrehen um 90° findet man den Vogel wieder unter den Anfangsbedingungen, jedoch mit einem Geschwindigkeitsgewinn von 6.7 m/sec, der reichlich den Verlust von 5 m/sec durch den Luftwiderstand deckt.

Durch ein analoges Verfahren würde man sehen, dass der Gewinn noch viel grösser ist, wenn der Vogel statt des Viertel-einen Halbkreis beschrieben hätte; der Gewinn wäre dann $2 \times 6 = 12$ m/sec, wovon wohlgemerkt noch die 5 m/sec des Luftwiderstandes abgezogen werden müssen (1).

Erinnern wir uns nun noch, dass das « Russen-Schaukel-Spielen » des Albatros (abwechselndes Auf-und Niedersteigen) nur den Zweck hat, den Vogel von der einen Windschicht in eine andere mit abweichender Geschwindigkeit zu bringen. Der Gewinn und der Verlust an Energie (potentieller und kinetischer) aus den Höhenänderungen gleichen sich im Aufstieg und Abstieg genau aus (2).

Aber diese vereinfachte Rechnung kann den Mechaniker nicht befriedigen. Wir haben sie hier gebracht, um den Mechanismus des Albatrosfluges auch denjenigen fasslich zu machen, die mit der theoretischen Mechanik wenig vertraut sind : mit Hilfe dieser aber müssen wir die Möglichkeit des Albatros-Segelfliegens beweisen, indem wir Punkt für Punkt der Rechnung die Elemente der beobachteten Bahnkurven zu Grunde legen und dabei alle beobachteten Einzelheiten, wie Neigung der Flugbahnen, Geschwindigkeit, Zeitdauer der Flugfigur und Gleitwinkelverschlechterung in den Kurven berücksichtigen.

Diese Rechnung soll jetzt folgen (3).

Wir wollen also den Einfluss eines mit der Höhe wachsenden Windes auf einen Vogel untersuchen, der längs einer der beschriebenen Bahnkurven C sich bewegt. Die Bedingung für den Segelflug ist dabei die, dass der Vogel bei seiner Rückkehr zum Ausgangspunkt mindestens keine Energie verloren hat, dass also das Integral $\int_C d\,(1/2\ m\ V^2)$ oder $\int_C dV^2$ über einen vollen Umlauf grösser oder gleich Null ist :

$$\int_C dV^2 \geqslant 0.$$

---

(1) Und die Verluste aus der scheinbaren Zunahme von g in den Kurven, die jedoch sehr klein sind, wie wir später sehen werden.

(2) $\int g dh = 0$, wenn man auf dasselbe Niveau zurückgeht.

(3) *Anm. d. Übers.* Da eine Übertragung einiger Formeln des folgenden Abschnittes auf die in Deutschland üblichen Rechnungsgrössen wesentliche Aenderungen im Gang der Rechnung bedingen würde, wurden *alle* im Original stehenden Buchstaben-Bezeichnungen direkt übernommen.

Es sei nun in der Höhe *h* zur Zeit *t* :

$\overline{w_h}$ der Vektor der Absolutgeschwindigkeit des Vogels, bezogen auf ein Koordinatensystem, das mit der Oberfläche des Meeres fest verbunden ist und mit den Meeresströmungen sich bewegt;

$\overline{v_h}$ der Vektor der absoluten Windgeschwindigkeit, bezogen auf das gleiche mit der Wasserfläche verbundene Koordinatensystem;

$\overline{V_h}$ der Vektor der aerodynamischen Geschwindigkeit (Fluggeschwindigkeit) des Vogels, bezogen auf ein System, das mit den Molekülen der umgebenden Luft in der Höhe *h* fest verbunden ist;

$\overline{mg}$ der Vektor des Vogelgewichtes;

$\overline{P}$ u. $\overline{T}$ die Vektorkomponenten aller Luftkräfte auf den Vogel, und zwar $\overline{P}$ senkrecht zur Fluggeschwindigkeit und $\overline{T}$ in der Fluggeschwindigkeit;

α der Winkel zwischen den Vektoren $\overline{V_h}$ u. $\overline{-v_h}$ ($\overline{-v_h}$ entgegengesetzt gleich zu $\overline{V_h}$);

β der Winkel zwischen $\overline{V_h}$ und der Horizontalen, positiv, wenn der Vohel steigt.

Einerseits ist nun die geometrische Ableitung des Vektors $\overline{mw_h}$ nach der Zeit entgegengesetzt gleich der Resultierenden der Vektoren $\overline{P}$, $\overline{T}$ und $\overline{mg}$ (den am Vogel angreifenden Kräften), und andererseits ist $\overline{V_h}$ die Resultante der Vektoren $\overline{w_h}$ und $\overline{-v_h}$.

Wir haben also die Vektorgleichungen (die überstrichenen Grössen bedeuten Vektoren) :

$$m \frac{\overline{dw_h}}{dt} = \overline{P} + \overline{T} + \overline{mg} \qquad (1)$$

$$\text{und } \overline{V_h} = \overline{w_h} - \overline{v_h}.$$

daraus folgt (weil nach einem bekannten Gesetz die geometrische Ableitung nach der Zeit einer geometrischen Summe von Vektoren gleich der geometrischen Summe der Ableitungen ist) :

$$\frac{\overline{dV_h}}{dt} = \frac{\overline{dw_h}}{at} - \frac{\overline{dv_h}}{dt}$$

Hieraus ergibt sich :

$$\frac{\overline{dV_h}}{dt} = \frac{\overline{P}}{m} + \frac{\overline{T}}{m} + \overline{g} - \frac{\overline{dv_h}}{dt} \qquad (2)$$

Projizieren wir alles auf V_h, so erhalten wir die skalare Gleichung

$$\frac{dV}{dt} = -\frac{T}{m} - g \sin\beta + \frac{dv}{dt}\cos\alpha$$

Auf Grund der Annahme, dass der Wind in gegebener Höhe konstant ist und mit der Höhe zunimmt, folgt :

$$\frac{dv}{dt} = \frac{dv}{dh}\frac{dh}{dt}.$$

Setzen wir ferner für T den gebräuchlichen Ausdruck :

$$T = P \operatorname{tg}\varphi,$$

so erhalten wir

$$dV = -\frac{P}{m}\operatorname{tg}\varphi\, dt - g\sin\beta\, dt + \frac{dv}{dh}\cos\alpha\, dh \qquad (3)$$

mit

$$dh = V\sin\beta\, dt \qquad (4)$$

Multiplizieren wir beide Seiten der Gleichung (3) mit V, so erhalten wir

$$1/2\, dV^2 = -\frac{P}{m}\frac{\operatorname{tg}\varphi}{\sin\beta}\, dh - g dh + \frac{dv}{dh} V\cos\alpha\, dh.$$

Integrieren wir diese Gleichung längs einer Runde der Bahnkurve und beachten dabei, dass $\int_e g dh = 0$, weil der Vogel ja wieder auf das Ausgangsniveau zurückkehrt, so erhalten wir als Bedingung für die Segelflugmöglichkeit :

$$\frac{1}{2}\int_C dv^2 = -\int_C \frac{P}{m}\frac{\operatorname{tg}\varphi}{\sin\beta}\,dh + \int_C \frac{dv}{dh}\,V\cos\alpha\,dh \geqslant 0. \qquad (6)$$

Dieses Integral setzt sich aus zwei Teilen zusammen : beim ersten sind die einzelnen Teilintegrale über beliebig kleine Wege wesentlich negativ (sin β und *dh* sind im Anstieg beide positiv und im Abstieg beide negativ); es entspricht dem Luftwiderstand. Im zweiten Teil sind sie stets positiv für die Bahntypen *a, b, c,* denn es ist $\frac{dv}{dh}$ wesentlich positiv und cos α und *dh* sind stets vom gleichen Vorzeichen (beim Aufstieg ist *dh* positiv und α spitz), beim Abstieg ist *dh* negativ und α stumpf); für den Typ *d* sind die Werte im Anstieg (α klein) ganz bedeutend grösser als im Abstieg (α um 90°).

In dieser Gleichung steckt das ganze Geheimnis des Albatrosfluges. Es wird einfach erklärt, wenn man bedenkt, dass im Aufstieg ein Anwachsen des Gegenwindes eine Vergrösserung der Fluggeschwindigkeit und im Abstieg eine Verminderung des Windes in demselben Sinne wirkend gleichfalls eine Zunahme der Fluggeschwindigkeit bringt.

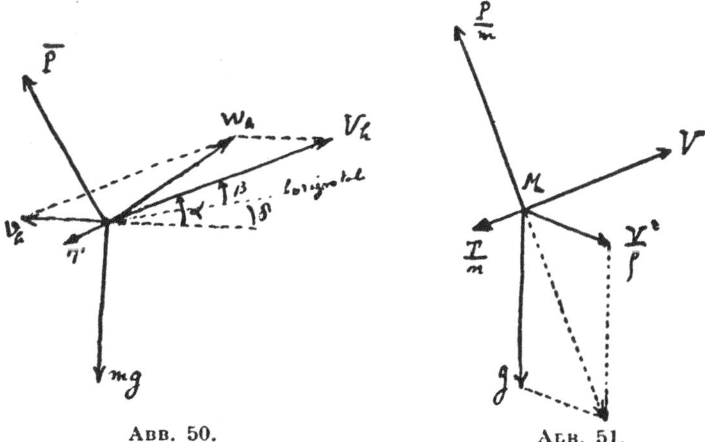

Abb. 50. Abb. 51.

Bedenken wir, dass im zweiten Integral (dem Bewegungs-Integral) (1) der Integrant mit der Höhe abnimmt, weil $\frac{dv}{dh}$ mit zunehmender Höhe kleiner wird; der Vogel hat kein Interesse daran, Höhen zu erreichen, für die die Teilintegrale des ersten Ausdruckes grösser als die des zweiten werden. Die maximale Höhe, die er zu erreichen sucht, wird also die sein, für welche :

$$\frac{P}{m}\frac{\operatorname{tg}\varphi}{\sin\beta} = \frac{dv}{dh}\,V\cos\alpha. \qquad \text{ist.}$$

Ersetzen wir $\frac{P}{m}$ durch g (wir werden später die Berechtigung dafür nachweisen), so erhalten wir :

$$\frac{dv}{dh} = \frac{g}{V\cos\alpha}\frac{\operatorname{tg}\varphi}{\sin\beta}.$$

(1) Intégrale motrice.

Abb. 46 stellt nun eine Kurve dar, die die Aenderung von v mit der Höhe über einer Meeresoberfläche von dem mittleren im Süden beobachteten Bewegungszustand gibt. Sie wurde nach Registrierungen, die von Oberst Delcambre, dem Direktor des O. N. M. beschafft wurden, und meinen in diesem Sommer an Bord angestellten Untersuchungen gezeichnet (die punktierte Kurve wurde vollkommen unabhängig davon von Huguenard, Magnan und Planiol unter ähnlichen, nur wenig verschiedenen Bedingungen erhalten).

Die Kurven geben die Werte des Verhältnisses $\frac{v_h}{v_2}$ der Windgeschwindigkeiten in der Höhe h m zu der in 2 m Höhe, ein Verhältnis, das von der Windgeschwindigkeit selbst ziemlich unabhängig zu sein scheint.

Die obige Bedingungsgleichung kann man jetzt schreiben :

$$\frac{d\frac{v_h}{v^2}}{dh} = \frac{1}{v^2}\frac{g}{V\cos\alpha}\frac{\operatorname{tg}\varphi}{\sin\beta}$$

$\frac{d}{dh}\left(\frac{v_h}{v_2}\right)$ gibt den tg des Winkels der Tangente an die Kurven; er wird umso kleiner werden können, je grösser v_2 selbst ist; folglich darf der Vogel eine umso grössere Höhe erreichen, je stärker der Wind weht.

Man findet z. B. mit $\operatorname{tg}\varphi = 0{,}05$, $V = 20$ m, $\sin\beta = 0{,}20$ und $\cos\alpha = 1$, dass die günstigste Maximalhöhe von 9 m bei $v_2 = 7$ m/sec (für die punktierte Kurve wird $h = 7$ m) auf 15 m bei $v_2 = 14$ m/sec wächst. Dies stimmt vollkommen mit der Grössenordnung der beobachteten Werte (s. oben) überein.

Um weiterrechnen zu können, muss man die Flugbahnen des Vogels nach den Beobachtungen festlegen. Wir zerlegen also die Bahnen folgendermassen :

1.) In zwei Kurven in konstanter Höhe, die eine oben, die andere unten, die mit konstanter Schräglage der Flügel durchflogen werden.

2.) In einen Aufstieg und in einen Abstieg ohne Kurven.

1. *Untersuchung der Kurven in konstanter Höhe.*

In diesem einfachen Falle ist der relative Beschleunigungsvektor gleich dem absoluten Beschleunigungsvektor, da das Koordinatensystem der Relativbewegung wegen der konstant gehaltenen Höhe von der Luft gleichförmig bewegt wird, es gibt keine Beschleunigungen in der Zugrichtung des Windes und auch keine Coriolisbeschleunigungen.

Der relative Beschleunigungsvektor ist nun entgegengesetzt gleich der Resultierenden aller Kräfte, die am Vogel angreifen.

Die Komponenten der Relativbeschleunigung sind $\frac{dV}{dt}$ längs der Tangente der relativen Flugbahn und $\frac{V^2}{\rho}$ senkrecht dazu, worin ρ den Krümmungsradius der Flugbahn relativ zu dem mit dem gleichförmigen Winde v_h sich bewegenden Koordinatensystem bedeutet.

Man entnimmt der Abbildung 51 sofort, dass

$$\frac{dV}{dt} = -\frac{T}{m} = -\frac{P}{m}\operatorname{tg}\varphi = -\operatorname{tg}\varphi\sqrt{g^2 + \left(\frac{V^2}{\rho}\right)^2}$$

Fügen wir noch hinzu, dass die Schrägstellung der Flügel während der Kurve genau konstant bleiben soll, oder dass

$$\frac{V^2}{\rho} = g\operatorname{tg}\omega$$

worin tg ω eine Konstante ist, so erhält man schliesslich :

$$dV = -g.\operatorname{tg}\varphi\sqrt{1+\operatorname{tg}^2\omega}\,dt.$$

Führen wir jetzt noch den Winkel δ ein, den V mit der konstanten Windrichtung bildet, so haben wir :

$$\rho = \frac{ds}{d\delta} = \frac{Vdt}{d\delta}$$

mit
$$\frac{V^2}{\varphi} = \text{const} = g \ \text{tg} \ \omega$$
ergibt sich :
$$dt = \frac{g \ \text{tg} \ \omega}{V} d\delta$$
und endlich
$$\frac{dV}{V} = -\frac{\text{tg} \ \varphi}{\text{tg} \ \omega} \sqrt{1 + \text{tg}^2 \ \omega} \ d\delta \qquad (7)$$

Bei geringem Auftrieb ($Ky \geqslant 0.05$) habe ich $\text{tg} \ \varphi = 0.05$ gesetzt (1), bei grösserem $\text{tg} \ \varphi = \frac{1,1}{V}$, dies gibt mit $\omega = 55^o$.

tg φ =	für Ky =
0,053	0,06 (1)
0,057	0,07
0,061	0,08
0,065	0,09
0,068	0,10

Hierdurch berücksichtigen wir die wahrscheinliche Verschlechterung des Gleitwinkels in den Kurven.

Die Gleichung (7) gibt im ersten Fall :
$$\ln \frac{V_2}{V_1} = \delta \ \Delta 0,05 \sqrt{1 + \text{tg}^2 \left(\frac{\pi}{2} - \omega\right)}'$$
und im zweiten
$$V_2 - V_1 = \Delta\delta \ 1,1 \sqrt{1 + \text{tg}^2 \left(\frac{\pi}{2} - \omega\right)}'$$
V_2 u. V_1 sind dabei die Werte der Fluggeschwindigkeit vor und nach der Kurve, $\Delta\delta$ der Winkel, um den sich der Vogel gedreht hat.

2. *Untersuchung des Aufstieges und Abstieges.*

Da der Auf- und der Abstieg ohne Kurven geflogen werden sollen, nehmen wir an, dass die Flügelvorderkante horizontal liegt. Zur Berechnung von $\frac{P}{m}$ projizieren wir die Vektorgleichung (2) :
$$\frac{d\overline{w_h}}{dt} = \frac{\overline{P}}{m} + \frac{\overline{T}}{m} + g$$
vom Punkte M aus auf die Vertikale MG, und vernachlässigen die vertikalen Beschleunigungen, die aus der Aenderung der Bahnneigungen entstehen (eine eingehende Rechnung, die wir als Nachtrag dieser Ableitung bringen, zeigt, dass wir hierzu berechtigt sind, wenn β klein ist).

Dann erhalten wir :
$$\frac{\overline{P}}{m} \cos \beta - \frac{\overline{T}}{m} \sin \beta - g = 0$$
$$\frac{P}{m} (\cos \beta - \sin \beta \ \text{tg} \ \varphi) = g$$
wenn nun β klein genug ist, so gilt für jeden Wert von φ :
$$\frac{P}{m} = g.$$

---

(1) Ky entspricht ungefähr dem deutschen C_a.

(2) Es ist wahrscheinlich, dass die Aenderungen der Windneigung, obgleich sie schwach und unregelmässig sind (und vielleicht auch die der Windgeschwindigkeit), auf eine Verbesserung der Polare des Vogels und damit von tg φ hinwirken, infolge einer Art Katzmayr-Bréguet-Effektes.

Aus der Gleichung (3) wird dann :

$$dV \doteq -\, g.\mathrm{tg}\, \varphi\, dt - g \sin \beta\, dt + {}_{dh} \cos \alpha\, dh \qquad (3')$$

wieder mit

$$dh = V \sin \beta dt. \qquad (4)$$

Abb. 52. — **Der Albatros in seinen periodischen Segelflugfiguren, kinematographiert in den Südpolargebieten.**

Wir integrieren diese Gleichung nach der Zeit und benutzen zur Bestimmung der Konstanten der Flugbahnen die Grössenordnungen, die wir durch die Beobachtung gefunden haben.

Wir nahmen $\beta = 10^\circ$ im Anstieg und 15° im Abstieg und $\omega = 55^\circ$ in den Kurven.

Man findet so, dass die vorteilhafteste Flugbahn die mit dem Index b mit $\alpha = 25^\circ$ ist. Sie fängt an, bei einem Wind von 5.5 m/sec in der unteren Schicht, wo der Vogel kurvt, brauchbar zu werden.

Die Vögel wählen zwischen den verschiedenen Flugbahntypen je nach ihrem Reiseziel; nur die Typen b und c erlauben ihnen aber, gegen den Wind anzukämpfen. Jedoch gelingt es ihnen kaum, bei einem Wind von mehr als 15 m/sec in 2 m Höhe zu fliegen, ohne in bezug auf das Wasser zurückgetrieben zu werden. Wir haben tatsächlich auch beobachten können, dass bei sehr heftigem Gegenwind (20 m/sec relativ zum Schiff, auf Deck gemessen) es den Albatrossen nicht gelang, das Schiff zu begleiten, wenn sie ausserhalb der durch es gestörten Zone flogen.

Man kann noch fragen, ob nicht mit Rücksicht auf die Unregelmässigkeiten des Windes eine sehr grosse Wahrscheinlichkeit dafür besteht, dass der Vogel in seiner oberen Kurve zufällig eine geringere Windgeschwindigkeit trifft, als er in der unteren gefunden hatte, und die Beobachtungen zeigen, dass die Albatrosse zuweilen, wenn auch selten, ihre oberen Kurven « überziehen », und dann wider Erwarten gezwungen sind, einige Flügelschläge nach der unteren Kurve zu machen.

Um Unterlagen dafür zu bekommen, haben wir an der meteorologischen Station Beauvais 611 Vergleichsmessungen der Windgeschwindigkeit in den beiden Schichten von 0.50 m und 6 m Höhe gemacht, und zwar wurden jeweils die Mittelwerte über eine Zeit von 3 sec (der mittleren Dauer der Kurven) genommen. Obwohl der Wind unter diesen Bedingungen viel unregelmässiger war als über der offenen See, haben wir nur in 11 Fällen eine Gleichheit oder Windabnahme feststellen können. Die Fälle, in denen der Albatros Fehler machen muss, sind also äusserst selten, was ja auch mit den Beobachtungen übereinstimmt.

Schliesslich wollen wir noch bemerken, dass die oben aufgestellten Gleichungen in gleicher Weise auch das Problem der Windänderung mit der Zeit in gegebener Höhe zu behandeln gestatten.

Es muss dann $\frac{dv}{dh}\,dh$ durch $\frac{dv}{dt}\,dt$

und $\frac{dh}{\sin\beta}$ durch $V.dt$ ersetzt werden.

Die Ergebnisse werden identisch und es ist unbestreitbar, dass ein Vogel so zufällig die Böen in einer Ebene benutzen kann. Die Rechnung zeigt, dass der Segelflug bei einer Differenz der Windgeschwindigkeiten von 4 m/sec an beginnen kann, wenn man eine Periode der Flugfiguren von 10 sec annimmt, vorausgesetzt, dass die oben beschriebenen Kurvenflüge durchgeführt werden. Sonst verbessert die Unregelmässigkeit des Windes nur unwesentlich die Flugleistung.

Nachtrag : wir haben tatsächlich :

$$\frac{dw_h}{dt} = \frac{dV_h}{dt} - \frac{dv_h}{dt}.$$

Projizieren wir dies auf die Vertikale MG und bedenken wir, dass $\frac{dv_h}{dt}$ in einer horizontalen Ebene liegt, so folgt :

Proj. von $\frac{dw_h}{dt}$ = Proj. von $\frac{dV_h}{dt}$.

Die absolute Vertikalbeschleunigung $\frac{d^2h}{dt^2}$ wird dann gleich der relativen vertikalen Beschleunigung.

Die unendlich kleine Korrektion d_1V, die zu dV zu addieren wäre wegen der Korrektion an $\frac{P}{m}$ wird also, wenn β klein ist :

$$d_1V = -\operatorname{tg}\varphi\,\frac{d^2h}{dt^2}\,dt$$

und die Gesamtkorrektion

$$\Delta_1V = \operatorname{tg}\varphi\left(\frac{dh}{dt}\right)_1 = \operatorname{tg}\varphi\,(V_1\sin\beta_1 - V_0\sin\beta_0).$$

Man sieht also, dass auf dem Wege von der unteren Kurve ($\beta = 0$) bis zur Stelle der grössten Flugbahnneigung die Korrektion Δ_1V nicht grösser als ungefähr 0.2 m/sec ist, und dass sie zum grossen Teil wieder aufgehoben wird auf dem Wege von der Stelle grösster Neigung, bis zur oberen Kurve ($\beta = 0$), wo die Korrektion das umgekehrte Vorzeichen hat (und sie würde den ersten Teil genau ausgleichen, wenn V dieselben Werte annähme).

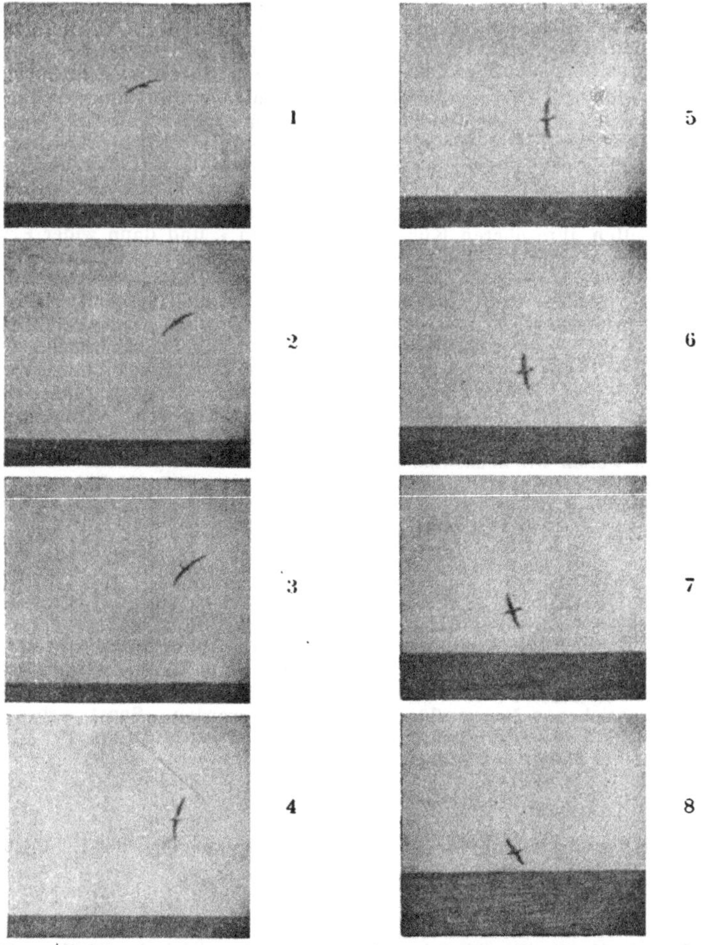

Abb. 53. — Steilkurven einer Sturmschwalbe im Nördlichen Eismeer, aufgenommen an Bord des « *Pourquoi-Pas?* » anlässlich einer Expedition seines Kommandanten Charcot nach Grönland (Film von Idrac).

Wenn man mit einem Gleitwinkel von 1 : 20 *für den Albatros rechnet, so zeigt das Ergebnis dieser Rechnungen, dass die beobachteten Flugfiguren vollkommen möglich sind bei der Grössenordnung der beobachteten Aenderung der Windgeschwindigkeit mit der Höhe.*

Der Albatros, der zweifellos *der grosse Meister* dieser Art Segelflug ist, den wir den « *Kurvensegelflug* » nennen wollen (weil die Kurven sein wesentlichstes Charakteristikum sind), ist nicht der einzige, der ihn ausübt. Ausser den anderen Seglern der Südsee, von denen wir schon sprachen, findet man Vertreter dieser Kunst in den nördlichen Meeren. Wir haben sie beobachtet und studiert hauptsächlich auf zwei Fahrten nach Grönland an Bord des « Pourquoi-Pas? » mit seinem Kommandanten Charcot in den Jahren 1925 und 1926.

Die Bassan-Möve (Sula Bassana L.) und die arktische Sturmschwalbe (petrel glacialis) fliegen im selben Stil, jedoch scheint die letztere zum Segelflug besser ausgerüstet zu sein.

Zum Beweis dafür möchte ich anführen, dass oft bei schwächeren Winden ich die Sturmschwalben habe segeln sehen, ohne dass sie die Flügel rührten, während gleichzeitig die anderen gezwungen waren, im Aufstieg vor dem Erreichen des Gipfels einige Flügelschläge zu tun. Das zeigt, dass der Wind für sie zum Segeln nicht ausreichte, während er es für die Sturmvögel tat.

Die grösste Höhe, die die Sturmvögel erreichten, war im allgemeinen von der Grössenordnung 10-14 m über der Wasserfläche; ganz ausnahmsweise wurden auch solche von 22 m gemessen.

Ich habe die Höhen vom Grossmast aus gemessen, indem ich die Höhe der Vögel mit der Horizontlinie verglich; wenn sie die Kimm erreichten, war ihre Höhe über Wasser sehr genau gleich der des Beobachters; ich konnte auf dem « Pourquoi-Pas? » bis zum Mastkorb in einer Höhe von 30 m über der Wasserlinie klettern.

Der schwächste Wind, bei dem die Sturmschwalben noch ohne jeden Flügelschlag segelten, betrug 6 bis 7 m/sec an der Wasseroberfläche, während er etwa 5 m/sec für den Albatros sein muss; die arktische Sturmschwalbe ist also, obwohl sie ein guter Segler ist, dem Albatros unterlegen; das liegt daran, dass diese Art Segelflug umso leichter ausgeführt werden kann, je höher die Flächenbelastung des Vogels ist. Für den Albatros nun ist sie von der Grössenordnung 18 kg/qm, für die Sturmschwalbe kaum 11 kg/qm, wie aus Messungen an 6 getöteten Tieren hervorging, die ein mittleres Gewicht von 0.78 kg und eine Flügelfläche von 0.072 qm im Mittel besassen.

Es ist noch bemerkenswert, dass die Periode der Flugfigur bei der Sturmschwalbe ein wenig kleiner ist, als die des Albatros; während sich für diesen eine solche von 10 bis 11 m/sec ergibt, liegt das Mittel nach unseren Messungen aus diesem Sommer für jene bei 7.2 m/sec.

SCHLUSSBETRACHTUNG

Die Beobachtungen und Erfahrungen, über die wir in dieser Schrift berichtet haben, haben uns zu zwei ganz verschiedenen Arten des Segelfluges geführt, die in der Natur von den Vögeln ausgeführt werden.

Die erste ist der Segelflug im Aufwinde, bei welcher der Vogel in einer aufsteigenden Luftmasse im Gleitflug fliegt. Vor allem fliegen Vögel mit geringer Flächenbelastung, kleiner Fluggeschwindigkeit (7-12 m/sec) und Gleitwinkeln von 1 : 16 *bis* 1 : 17 in dieser Weise. Die Aufwärtsbewegung der Luft kann, wie in den heissen Ländern, thermichen Ursprung haben, oder irgendwie durch das Gelände bedingt sein (Ablenkung durch Hindernisse, lokale Wirbel, sekundäre Reibungseffekte über ungleichförmigem Erdboden), wie Baldit in seinem bemerkenswerten Werke gezeigt hat (1).

Die zweite Art ist die, die wir als « Kurvenflug » bezeichnet haben, durch die der Vogel am besten die Unterschiede der Windgeschwindigkeit zweier Luftschichten ausnutzen kann. Besonders Vögel mit grosser Flächenbelastung, bestem Seitenverhältnis, hohen Fluggeschwindigkeiten (18 *bis* 25 m/sec) und mit einem Gleitwinkel von 1:20 oder vielleicht noch mehr fliegen so.

Aber wie steht es mit dem rein dynamischen Segelflug, der in praktisch konstanter Höhe und ohne merkbare Kurven die Unregelmässigkeiten der Windgeschwindigkeit ausnutzt?

Louis Bréguet hat in einer bemerkenswerten Broschüre in sehr umfassender Weise die theoretischen Möglichkeiten dieser Art Segelflug untersucht. Er kommt zu dem Schluss, dass die theoretischen Bedingungen eines derartigen Fluges sehr selten in der Natur und besonders über dem Meere zutreffen.

Zweifellos konnte ich darum auch nie einen geradlinigen Flug beobachten in den 300 Tagen, die ich auf dem Meere zubrachte seit der Zeit, da ich anfing, Vögel in den verschiedensten Gebieten vom Festlandseis Grönlands bis zu den grossen Eisbergen des Südmeeres zu studieren.

Ueberall da, wo der Flug nicht mit Hilfe aufsteigender Luftmassen

---

(1) Baldit, *Météorologie du relief terrestre.*

zu erklären war, sah ich die für See-Vögel charakteristischen Flugfiguren, die oben beschrieben wurden.

Die wenigen Flüge, die nicht dazu passten, hatten nur eine Dauer von einigen Sekunden und sind durch Aufwinde an kurzen Böen oder einfach durch einen Verlust an kinetischer Energie zu erklären.

Und jetzt, was sollen wir vom menschlichen Segelflug denken? Der Segelflug im Hangaufwind ist lange bekannt. Die Ausnutzung des thermischen Aufwindes, die wir 1922 voraussahen, begann zum ersten Male durch Auger 1925 in Vauville, führte dann zu dem berühmten 150 km. Flug Kronfelds im Jahre 1929 und vor kurzem, am 1 Juni 1931, zu dem Fluge Berlin-Frankfurt a. O. von Otto Fuchs, welcher als erster im thermischen Aufwinde von Stadt zu Stadt segelte.

Wir können sicher sein, dass die Zukunft uns auf diesem Wege noch viele überraschende Ergebnisse bringen wird.

Wird aber auch der Flug des Albatros eines Tages nachgemacht werden können? A priori scheint es, als sollten wir uns ihm mehr nähern, wegen der grossen Flächenbelastung und der hohen Fluggeschwindigkeit, die dieser Vogel aufweist. Aber man darf nicht vergessen, dass dieser Flug nur mit jähen Kurven und komplizierten Steuerbewegungen durchführbar ist, und dass die geringe Zunahme der Windgeschwindigkeit oberhalb von zwanzig Meter Höhe den Vogel zwingt, sich in den ganz niederen Luftschichten zu halten, wo für ihn gar keine, für den Piloten aber eine mächtige Gefahr besteht.

Der Vogel hat uns das erste Beispiel dieses begeisternden Fluges, wie es der Segelflug ist, gegeben und die Bewunderung Mouillards vor dem Schöpfer, der uns ein so schönes Beispiel für die Ausnutzung der Energie der Natur gegeben hat, kann nur geteilt werden von allen denen, die sich der Wissenschaft von der Luft und dem Unbekannten der Natur hingeben.

NACHTRAG

DER FLUG DER FLIEGENDEN FISCHE

Mit dem Flug der fliegenden Fische beschäftigen sich zahlreiche Schriften und Arbeiten, doch scheint es, als ob verhältnismässig wenig Beobachtungen über dieses doch sehr bemerkenswerte Phaenomen vorliegen. Und trotzdem hat die Art ihres Fluges schon zu manchen

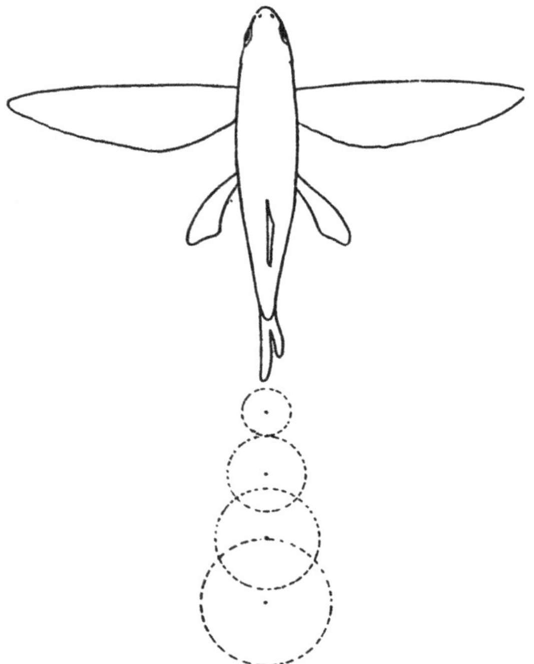

Abb. 54. — Fliegender Fisch im Fluge, von oben gesehen.

Controversen geführt : fliegen sie im schnellen Schwirrflug (vol ramée), im einfachen Gleitflug nach einem Sprung über das Wasser oder tatsächlich im Segelflug?

Wie man weiss, leben diese Tiere hauptsächlich in tropischen Meeren, zuweilen in sehr grossen Schwärmen. Man sieht sie plötzlich aus dem Wasser auftauchen, ihre Flügel entfalten und rasch fliegen, in einer im allgemeinen niedrigen Höhe über dem Wasser über Strecken, die zuweilen hunderte von Metern erreichen können, bis sie dann plötzlich wieder tauchen.

Wir glauben, es wird darum interessieren, wenn wir hier einige Beobachtungen wiedergeben, die wir auf unseren Fahrten zu den afrikanischen Geiern machen konnten.

Es ist ziemlich schwierig mit Sicherheit zu unterscheiden, ob sie mit den Flügeln schlagen oder nicht, bei der Durchsichtigkeit der Flügel und der Schnelligkeit dieses Fluges. Am besten zur Beobachtung eignet sich ein Platz ganz vorn auf dem Schiffe, über dem Vordersteven, um die Mittagszeit. Das senkrechte oder fast senkrechte Licht der Sonne spiegelt sich dann auf den Flügeln und es ist so leicht, ihre Bewegungen zu erfassen.

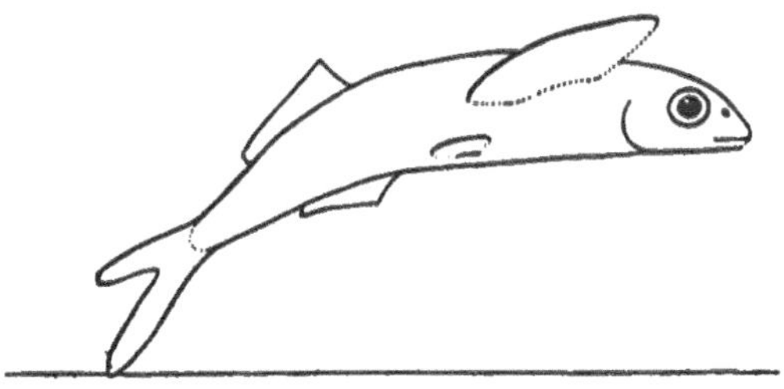

Abb. 55. — Derselbe von der Seite gesehen.

Jedesmal, wenn die Beobachtungsbedingungen günstig waren, haben wir feststellen können, dass sich der Flug dieser Tiere aus einer Reihe von Gleitflügen zusammensetzt, die alle 5 bis 10 Sekunden von einer sehr kurzen Periode (im allgemeinen von der Länge des Bruchteils einer Sekunde) Schwirrflug unterbrochen waren.

Dabei ist zu bemerken, dass in dieser kurzen Periode die Spitze des Schwanzes im allgemeinen von Zeit zu Zeit die Wasserfläche berührt und dabei eine Reihe von Kreiswellen erzeugt (vergl. Abb. 54). Die Anzahl dieser Berührungen des Schwanzes kann man roh abschätzen, wenn man die ungefähre Geschwindigkeit des Fisches und den Abstand der Kreismittelpunkte kennt. Die Beobachtungen, von denen wir später noch sprechen, haben uns zu einer Grössenordnung von etwa einem halben Hundert Berührungen in der Sekunde geführt. Wir werden später sehen, worauf diese Schwanzbewegungen zurückzuführen sind und wozu sie dienen.

Zu den Gleitflugperioden ist zu sagen, dass an windstillen Tagen die Höhe der Tiere über der Wasserfläche genau konstant bleibt : im allgemeinen nur einige Centimeter, Höhen von 1 m und mehr beobachtet man nur selten und bei stürmischem Wetter; dabei fallen die fliegenden Fische von den Böen gehoben selbst manchmal auf die Kommandobrücke. Es handelt sich also nicht um einen Gleitflug im engen Sinne des Wortes, bei dem die Energie aus dem Absteigen stammt. Wenn nun, wie einige Autoren behaupten, die Geschwindigkeit des Fisches konstant bliebe, dann wäre dieser Flug gänzlich unerklärlich bei völliger Windstille, wo man weder die Aufwindkomponenten an den Wogen noch die Unregelmässigkeiten des Windes heranziehen kann.

Bei vollkommener Windstille haben wir darum eine Reihe von Geschwindigkeitsmessungen des Fisches zu Beginn und am Schluss der Gleitflugperioden angestellt.

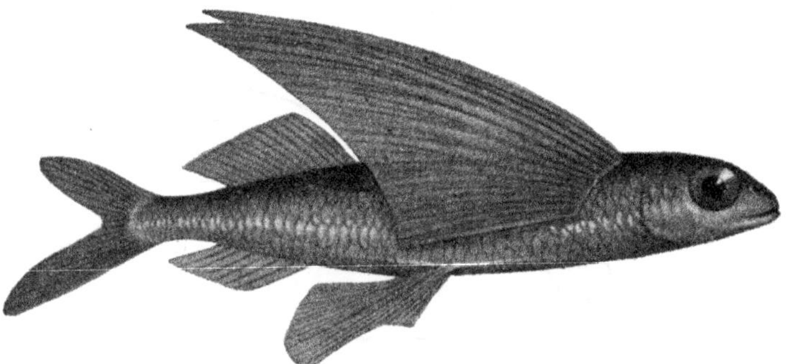

Abb. 56. — Eine andere Art von fliegendem Fisch, *Exocatus spilapus*. Länge 30 cm.

Dabei beobachteten wir mit Hilfe eines Rasters (Netz von horizontalen und vertikalen Linien), das an der Schiffsverschanzung befestigt war, von einem festen Punkt O aus die Bewegungen des Fisches relativ zum Schiff. Sind die Höhe von O über dem Wasser und seine Stellung zum Raster genau bekannt, so kann man leicht die Geschwindigkeit des Fisches relativ zum Dampfer bestimmen, wenn man noch die Zeit mit Hilfe einer Stoppuhr oder nach den mit bekannter Periode erfolgenden Erschütterungen der Maschine misst. Kennt man noch die Fahrt des Schiffes, so kann man daraus die absolute Geschwindigkeit des Tieres ableiten.

Wir haben so festgestellt, dass die Geschwindigkeit der fliegenden Fische unleugbar vom Beginn bis zum Schluss der Gleitflugperiode abnimmt. Der Grössenordnung nach sind die Geschwindigkeiten am Anfang 15 *bis* 20 m/sec und am Ende 6-10 m/sec.

Die Tiere benutzen also die in der Schwirrperiode aufgespeicherte kinetische Energie, um sich in der Luft zu halten, wobei sie an Geschwindigkeit verlieren. Dazu möchten wir noch bemerken, dass sie sehr gute Segler sein müssen, wenn man ihr hohes Gewicht im Vergleich zu ihrer Flügeloberfläche bedenkt.

Während der Schwirrflugperioden holen sich die Tiere sehr rasch (im allgemeinen in weniger als einer Sekunde) die verlorene Geschwindigkeit wieder. Darum erscheint es seltsam, dass allein die Bewegung ihrer Flügel dazu ausreichen sollte. Hankin hat schon ausgesprochen, dass sich der Fisch dabei seines Schwanzes als Propeller zu bedienen scheint. Das würde die Kreise erklären, die im Wasser während der Schwirrflugperioden entstehen, eine andere Erklärung könnte offen gesagt, in abwechselndem Heben und Senken des Leibes im Zusammenhang mit den Flügeln zu suchen sein. Doch ist es sehr wahrscheinlich, dass in den Perioden, die wir alls « Schwirrflug » bezeichnet haben, der Schwanz eine bedeutende Rolle spielt. Shelborn hat als erster gezeigt, dass die Flügelmuskeln wenig kräftig sind (und zweifellos nicht ausreichen, dem Tiere einen derartig starken Geschwindigkeitszuwachs zu geben, wie er so oft beobachtet wurde). Zweitens würde es sehr seltsam erscheinen, wenn das Tier ohne Grund während der Schwirrperiode das Ende seines Schwanzes dauernd in das Wasser eintaucht. Endlich drittens glauben wir beobachtet zu haben, dass die beiden Phænomene nicht immer gleichzeitig auftreten, mit anderen Worten, dass manchmal Perioden auftreten, wo der Fisch Geschwindigkeit aufholt entweder allein durch Wricken mit seinem Schwanze oder durch Schwirren mit den Flügeln.

Zusammenfassend können wir sagen, der Flug der fliegenden Fische ist ein Gleitflug von genau konstanter Höhe und abnehmender Geschwindigkeit, der durch eine entsprechende Aenderung des Anstellwinkels der Flügel erreicht wird. Die hierbei verlorene kinetische Energie wird von Zeit zu Zeit durch kurze Perioden wiedererlangt, in denen der Fisch mit den Flügeln schlägt oder mit dem Schwanz zappelt, wobei dieser soweit gesenkt wird, dass er die Oberfläche des Wassers berührt.

Es wäre interessant nachzuweisen, ob die Perioden der Schwanzbewegungen und des Schwirrfluges getrennt auftreten können, wie wir glauben, und wenn das der Fall ist, den Anteil des beobachteten Geschwindigkeitszuwachses für jeden Fall zu trennen.

Unsere Untersuchung der fliegenden Fische lässt also noch einige kleine Probleme unentschieden. Wir empfehlen sie den Reisenden in den tropischen Meeren; sie könnten die Mussestunden einer langen Reise damit ausfüllen, und einen Beitrag für die Kenntnis diener interessanten Fiere liefern, die als einzige in der Natur aus freiem Willen sich in der Atmosphäre und den Tiefen des Wassers bewegen können.

P. Idrac.

Printed and bound by CPI Group (UK) Ltd, Croydon, CR0 4YY

12/07/2026

14919275-0001